"十四五"职业教育国家规划教材

安徽省高等学校省级规划教材

工业和信息化精品系列教材

网络技术

Network Technique

微课版

Linux
系统管理基础
项目教程（CentOS 7.2）

金京犬 杨寅冬 ◎主编

王飞 周浩 孙茜 ◎副主编

人民邮电出版社

北 京

图书在版编目（CIP）数据

Linux系统管理基础项目教程：CentOS 7.2：微课版 / 金京犬，杨寅冬主编. -- 北京：人民邮电出版社，2021.8（2024.6重印）
工业和信息化精品系列教材. 网络技术
ISBN 978-7-115-56616-4

Ⅰ. ①L… Ⅱ. ①金… ②杨… Ⅲ. ①Linux操作系统—教材 Ⅳ. ①TP316.85

中国版本图书馆CIP数据核字(2021)第107243号

内 容 提 要

本书以 CentOS 7.2 为操作平台，通过项目驱动的方式对 Linux 操作系统的基本操作和网络服务的配置与管理方法进行讲解，重点培养学生的实际动手能力和应用能力。

全书共 14 个项目，内容包括安装 Linux 操作系统、Linux 操作系统常用命令、文本管理、网络接口管理、用户管理、权限管理、软件包的安装与管理、存储设备管理、防火墙配置与管理、FTP 服务配置与管理、NFS 服务配置与管理、DHCP 服务配置与管理、DNS 服务配置与管理、Web 服务配置与管理。本书内容丰富，由浅入深，强调基础技能的应用，适用于理论与实践一体化教学。

本书可以作为高等职业院校计算机相关专业的教材，也可以作为 Linux 操作系统运维培训教材和自学参考书。

♦ 主　　编　金京犬　杨寅冬
　　副主编　王　飞　周　浩　孙　茜
　　责任编辑　郭　雯
　　责任印制　王　郁　彭志环
♦ 人民邮电出版社出版发行　　北京市丰台区成寿寺路 11 号
　　邮编　100164　电子邮件　315@ptpress.com.cn
　　网址　https://www.ptpress.com.cn
　　北京天宇星印刷厂印刷
♦ 开本：787×1092　1/16
　　印张：12.75　　　　　　　　　　2021 年 8 月第 1 版
　　字数：272 千字　　　　　　　2024 年 6 月北京第 8 次印刷

定价：46.00 元

读者服务热线：(010)81055256　印装质量热线：(010)81055316
反盗版热线：(010)81055315
广告经营许可证：京东市监广登字 20170147 号

前言 FOREWORD

为适应高职教育发展的新特点，编者根据多年教学经验编写了本书，在编写过程中引入了红帽认证工程师（RHCE）和红帽认证系统管理员（RHCSA）等认证考试的相关内容。

本书以项目为向导，以系统运维中必须具备的 Linux 操作系统应用基本技能为基础，以"培养能力、突出实用、内容新颖、系统完整"为指导思想，讲解了在 Linux 操作系统运维中需要掌握的知识和技能，重点培养学生的动手能力和应用能力。

为加快推进党的二十大精神进教材、进课堂、进头脑，本次修订将社会主义核心价值观、工匠精神、劳模精神、实验实训安全意识、团队合作精神等元素融入教材，以坚定读者的历史自信、增强读者的文化自信。

本书的参考学时为 72 学时，建议采用"理论+实践"一体化教学模式，各项目的参考学时如下。

学时分配表

项目	课程内容	学时（理论+实践）
项目 1	安装 Linux 操作系统	2+2
项目 2	Linux 操作系统常用命令	4+4
项目 3	文本管理	2+2
项目 4	网络接口管理	2+2
项目 5	用户管理	2+2
项目 6	权限管理	2+2
项目 7	软件包的安装与管理	2+2
项目 8	存储设备管理	2+2
项目 9	防火墙配置与管理	2+2
项目 10	FTP 服务配置与管理	2+2
项目 11	NFS 服务配置与管理	2+2
项目 12	DHCP 服务配置与管理	2+2
项目 13	DNS 服务配置与管理	4+4
项目 14	Web 服务配置与管理	4+4
	综合复习	2+2
学时总计		36+36

　　本书由金京犬、杨寅冬任主编，并负责统稿和定稿；由王飞、周浩和孙茜任副主编。金京犬编写了项目 3 至项目 6，杨寅冬编写了项目 11 至项目 14，王飞编写了项目 1、项目 2，周浩编写了项目 8、项目 9，孙茜编写了项目 7、项目 10。俞弦、唐敏、张由明、陈明武、唐桂林、黄煌参与了编写。

　　由于编者水平和经验有限，书中难免有疏漏和不足之处，恳请读者批评指正。

编者

2023 年 1 月

目录 CONTENTS

项目 1

项目 2

项目 3

项目 4

项目 5

项目 6

权限管理 ··· 74

项目 7

软件包的安装与管理 ································· 85

项目 8

存储设备管理 ··· 97

项目 9

防火墙配置与管理 ·· 118

项目 10

FTP 服务配置与管理 ·· 131

项目 14

Web 服务配置与管理 ·· 175

项目1
安装Linux操作系统

01

学习目标

- 了解Linux操作系统的特点
- 掌握用虚拟机安装Linux操作系统的方法
- 掌握Linux目录结构的作用

素质目标

- 培养学生踏实的工作态度
- 形成严谨踏实的工作作风

1.1 项目描述

小明所在公司的 Windows 操作系统服务器最近频繁遭到黑客攻击，作为公司网络系统管理员，小明决定把 Windows 服务器更换成更加稳定、安全、可靠的 Linux 服务器。

本项目主要介绍 Linux 操作系统的基本特点、常用的 Linux 版本、利用虚拟机安装 Linux 操作系统的方法，以及 Linux 系统目录结构的作用。

1.2 知识准备

1.2.1 Linux 操作系统概述

Linux 操作系统诞生于 20 世纪 90 年代，它的发展离不开两个人：一个是林纳斯·托瓦兹（Linus Torvalds），他被称为"Linux 之父"；另一个是理查德·斯托曼（Richard Stallman），他被称为"自由软件基金之父"。

林纳斯·托瓦兹当时还是芬兰赫尔辛基大学的一名大学生。1991 年 10 月，他在当时芬兰最大的 FTP 服务器上发布了一个用于教学的、类似 UNIX 系统的源代码，这就是 Linux 0.01 版。Linux 内核发展到现在已经是一个非常成熟的操作系统内核了，读者可以自行通过网站查看并下载最新版的 Linux 内核。但当时的 Linux 操作系统只是一个操作内核，什么都做不了。要让一个操作系统能够工作，除内核外，还需要外壳、编译器（Compiler）、函数库（Libraries）、各种实用程序和应用程序等。

理查德·斯托曼是"自由软件运动"的精神领袖，从 1983 年到 1991 年，理查德·斯托曼发起的 GNU 计划已经开发了一个自由并且完整的类 UNIX 操作系统，包括软件开发工具和各种应用程序，除了系统内核之外，GNU 几乎已经完成了各种必备软件的开发。到 1991 年 Linux 内核发布，Linux 与 GNU 适逢其会——Linux 操作系统就这样诞生了。Linux 操作系统的正式名称为 GNU/Linux，表示 Linux 内核和 GNU 计划结合，如图 1-1 所示。

图 1-1　Linux 内核和 GNU 计划结合

GNU 的标志是非洲角马的头像，角马英文为 gnu；Linux 的标志是企鹅，英文为 Tux，是（T）orvalds（U）ni（x）的缩写。

1.2.2　Linux 操作系统特点

Linux 操作系统以其安全、稳定、开源、免费等特性在企业服务器市场获得了较大的成功，Linux 操作系统具有如下几个重要特点。

1. 自由开放

Linux 操作系统是在 GNU 计划下开发的，秉承"自由的思想，开放的源代码"原则，遵循公共版权许可证。GNU 库（软件）都可以自由地移植到 Linux 操作系统上。从 Linux 操作系统核心到大多数应用程序，都可以从互联网上自由地下载，不存在盗版问题。

2. 网络强大

Linux 操作系统是计算机爱好者们通过互联网协同开发出来的，它的网络功能十分强大，既可以作为网络工作站，也可以作为网络服务器，主要包括 FTP、DNS、DHCP、SAMBA、Apache、邮件服务器、iptables 防火墙、路由服务、集群服务和安全认证服务等。

3. 可靠安全

Linux 操作系统开放源代码的特性可以让更多的人去查找源代码中的安全漏洞，从而修补漏洞。另外，Linux 操作系统采取了许多安全技术措施，包括 SELinux、读写权限控制等，为网络用户环境提供了必要的安全保障。

4. 移植性好

通过裁剪 Linux 内核，可以把 Linux 操作系统移植到各种嵌入式平台上运行。

1.2.3　Linux 操作系统主流版本

目前，Linux 操作系统有数百个发行版，其中主流的发行版也很多。它们都以 Linux 内核为中心，各个发行版本之间的差异主要体现在它们各自的安装程序包上，还体现在安全性与可用性等方面的侧重点不同。例如，有的发行版本专注于提供良好的桌面体验；有的发行版本则适合作为开发工作站；有的发行版本则有良好的稳定性和安全性，可以作为网络服务器操作系统。下面简单介绍几个主流的发行版本。

V1-1　Linux 操作
系统主流版本

1. Red Hat Enterprise Linux

Red Hat Enterprise Linux（RHEL）无疑是 Linux 企业级应用的市场主导者，也是我国许多企业构建其应用和服务的首选 Linux 操作系统发行版本。多年来，它甚至是 Linux 操作系统的代名词。

优点：技术支持较可靠，更新及时；用户群庞大，衍生版本众多；服务器软件/硬件生态系统良好，技术支持社区规模大且有活力。

缺点：技术支持和更新服务是需要付费的；采用久为诟病的 RPM 软件包管理方式。

2. Community Enterprise Operating System

Community Enterprise Operating System（CentOS）基于 RHEL 依照开源 GPL 规定所发布的源代码重新编译而成。这个发行版的目标是 100%兼容 RHEL。这意味着你可以共享 RHEL 的服务器软件/硬件生态系统，同时也意味着你和 RHEL 用户享受了相同的安全级别。因此可以用 CentOS 替代 RHEL，CentOS 是使用最广泛的 RHEL 兼容版本之一。

优点：包括更新在内的服务完全免费；具备良好的社区技术支持，如果需要更专业的支持，还可以平滑地从 CentOS 转至 RHEL；采用基于 YUM 的 RPM 包管理系统。

缺点：不提供专门技术支持，不包含封闭源代码软件；更新服务较为滞后。

3. Ubuntu Enterprise Linux

Ubuntu 是一个流行的 Linux 操作系统发行版，是基于 Debian 的 unstable 版本加强而来的，以 "最好的 Linux 桌面系统" 而闻名。近些年，Ubuntu 也推出了 Ubuntu Enterprise Linux，在企业级 Linux 操作系统的应用市场占有率也有较大提高。

优点：技术支持较强；用户界面友好；硬件的兼容性好；采用基于 Deb 的 ATP 包管理系统。

缺点：技术支持和更新服务是需要付费的；服务器软件生态系统的规模和活力方面稍弱。

4. Debian GNU/Linux

Debian GNU/Linux 是一款由 GPL 和其他自由软件许可协议授权的自由软件组成的 Linux 操作系统，由 Debian 计划组织维护。它以坚守 UNIX 和自由软件的精神，以及给予用户众多选择而闻名。

优点：Debian 是极为精简而稳定的 Linux 发行版，有着干净的作业环境；采用基于 Deb 的

ATP 包管理系统。

缺点：不提供专门技术支持；不包含封闭源代码软件；发行周期过长，稳定版本中软件过时；中文支持不是很完善。

5. Novell SUSE Linux Enterprise Server

SUSE 是德国的 Linux 操作系统发行版，在全世界享有较高的声誉，SUSE 于 2003 年年末被美国 Novell 公司收购。Novell SUSE Linux Enterprise Server（SLES）是 Novell 公司推出的面向企业应用的版本，其市场占有率仅次于 RHEL。

优点：技术支持非常可靠；服务器软件/硬件生态系统良好；采用易用的 YaST 软件包管理系统，经常会提供许多完善的创新功能，例如虚拟化功能。

缺点：技术支持和更新服务费用较高；没有 SELinux 管理工具、集群管理工具；中文输入支持不是很完善。

1.2.4 Linux 目录结构

V1-2 Linux
目录结构

对每一个 Linux 学习者来说，了解 Linux 目录结构是学好 Linux 至关重要的一步。深入了解 Linux 目录结构的标准和每个目录的详细功能，对于用好 Linux 操作系统至关重要，Linux 目录结构如图 1-2 所示。

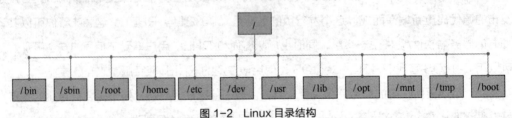

图 1-2　Linux 目录结构

"/"在 Linux 操作系统中表示根目录。在 Linux 操作系统中，除根目录（root）以外，所有文件和目录都包含在相应的目录文件中。Linux 的文件系统采用带链接的树形目录结构，即只有一个根目录（通常用"/"表示），其中含有下级子目录或文件的信息，子目录中又可含有更下级的子目录或者文件的信息。这样一层一层地延伸下去，构成一棵倒置的树。

"/"在 Windows 操作系统中也表示根目录，但此根目录非彼根目录。Windows 操作系统磁盘分区后会有多个磁盘，通常系统会装在 C 盘。Windows 操作系统有多个磁盘，所以就有"多个根目录"，在 DOS 命令模式下，在 D 盘的某文件夹中输入"cd /"命令并按 Enter 键会直接回到 D 盘的根目录，在其他磁盘下执行此命令也会回到该磁盘的根目录。在哪个磁盘下使用"/"，它就表示哪个磁盘的根目录。

1.2.5 Linux 目录作用

在 Linux 操作系统中，逻辑上所有目录只有一个顶点，即/（根目录），它是所有目录的起点。

根下面类似于一个倒挂着的树的结构，各个目录的作用如表 1-1 所示。

表 1-1　Linux 目录作用

序号	目录名称	作用
1	/bin	存放使用频率较高的命令
2	/sbin	存放大多涉及系统管理的命令
3	/root	该目录为系统管理员（也称作"超级权限者"）的用户主目录
4	/home	用户的主目录，在 Linux 操作系统中，每个用户都有一个自己的目录，一般该目录是以用户的账户命名的
5	/etc	该目录用来存放所有系统管理需要的配置文件和子目录
6	/dev	dev 是 Device（设备）的缩写，该目录下存放的是 Linux 操作系统的外部设备。在 Linux 操作系统中，访问设备的方式和访问文件的方式是相同的
7	/usr	这是一个非常重要的目录，用户的很多应用程序和文件都放在这个目录下，类似于 Windows 操作系统下的 program files 目录 /usr/bin:用户命令 /usr/sbin：系统管理命令 /usr/local：本地自定义软件
8	/lib	这个目录里存放着系统最基本的动态连接共享库，其作用类似于 Windows 操作系统里的 DLL 文件。几乎所有的应用程序都需要用到这些共享库
9	/opt	这是给主机额外安装软件所设置的目录。不过，通常软件安装在/usr/local 目录下
10	/mnt	系统提供此目录是为了让用户临时挂载别的文件系统，我们可以将光驱挂载在/mnt 目录下，进入此目录就可以查看光驱里的内容
11	/tmp	这个目录用来存放一些临时文件，重要资料不可放置在此目录，系统重启后，会删除/tmp 目录下的文件
12	/boot	这里存放的是启动 Linux 操作系统时使用的一些核心文件

1.3　项目实施

1.3.1　环境准备

（1）开启 CPU 虚拟化支持。进入 BIOS，根据计算机型号和 CPU、BIOS 的型号找到 Configuration（配置）选项或者 Security 安全选项，然后选择 Virtualization 虚拟化，将 Intel（R）Virtualization Technology（虚拟化技术）的值设置为 Enabled 启用，如图 1-3 所示。保存 BIOS 设置，重启计算机。

（2）下载 CentOS ISO 镜像文件。本书课程中使用的是 CentOS 7.2，该版本支持常见的 32 位 x86 架构、64 位 AMD64/Intel64 架构的计算机，不同的架构需要下载不同的安装包文件。读者可以到官方网站下载 ISO 镜像文件。

图 1-3　开启 CPU 虚拟化支持

1.3.2　安装虚拟机

VMware Workstation 虚拟机软件是一款桌面计算机虚拟软件，它能够让用户在单一主机上同时运行多个不同的操作系统。从 VMware 官方网站下载 vmware-workstation-14 安装包文件。

第 1 步：运行下载完成的 VMware Workstation 虚拟机安装包文件，将会看到图 1-4 所示的虚拟机程序安装向导初始界面。

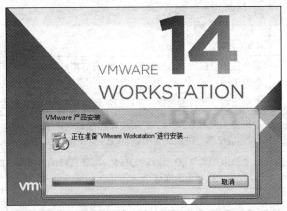

图 1-4　安装向导初始界面

第 2 步：单击"下一步"按钮，如图 1-5 所示。

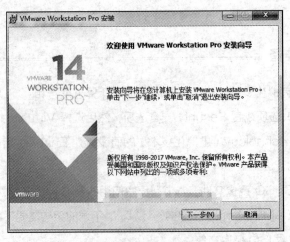

图 1-5　安装向导

第 3 步：在"最终用户许可协议"界面勾选"我接受许可协议中的条款"复选框，然后单击"下一步"按钮，如图 1-6 所示。

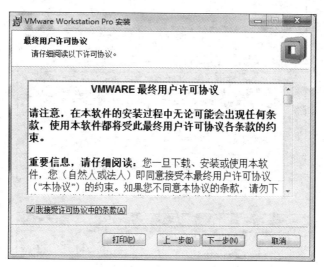

图 1-6　同意许可条款

第 4 步：选择虚拟机软件的安装位置（可选择默认位置），勾选"增强型键盘驱动程序"复选框后单击"下一步"按钮，如图 1-7 所示。

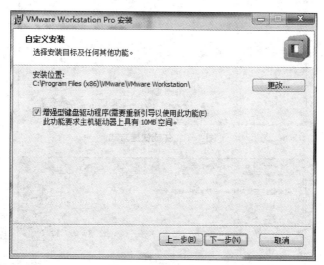

图 1-7　选择安装位置

第 5 步：根据自身情况适当勾选"启动时检查产品更新"与"加入 VMware 客户体验改进计划"复选框，然后单击"下一步"按钮，如图 1-8 所示。

第 6 步：勾选"桌面"与"开始菜单程序文件夹"复选框，单击"下一步"按钮，如图 1-9 所示。

第 7 步：待一切准备就绪，单击"安装"按钮，如图 1-10 所示。

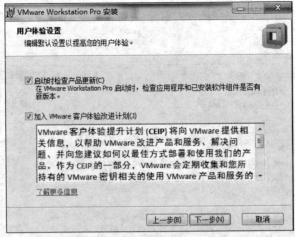

图 1-8　用户体验设置

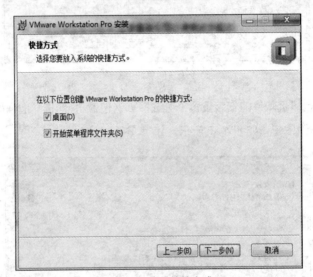

图 1-9　生成快捷方式

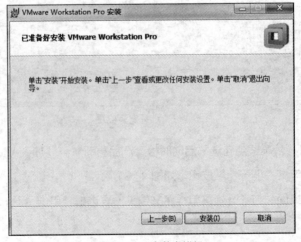

图 1-10　安装虚拟机

第 8 步：进入安装过程，如图 1-11 所示。

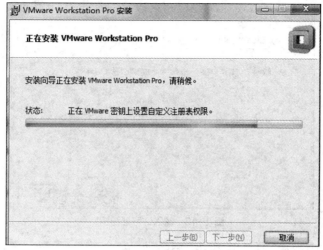

图 1-11　安装过程

第 9 步：等待大约 1 分钟，虚拟机软件便会安装完成，如图 1-12 所示，单击"许可证"按钮。

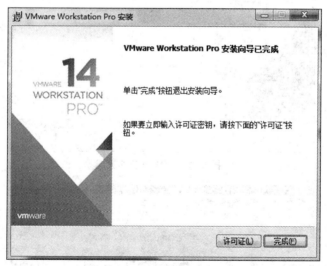

图 1-12　虚拟机安装完成

第 10 步：在弹出的对话框中输入 VMware Workstation 14 Pro 许可证密钥，单击"输入"按钮；或者单击"跳过"按钮，获得试用期限，如图 1-13 所示。

第 11 步：在弹出的对话框中单击"完成"按钮，完成虚拟机 VMware Workstation 14 Pro 的安装，如图 1-14 所示。

第 12 步：双击桌面上的快捷方式图标，此时便看到了虚拟机软件的管理界面，如图 1-15 所示。

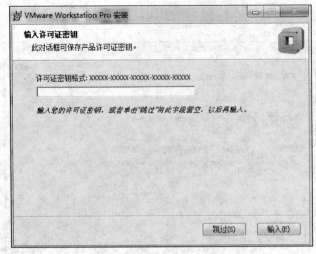

图 1-13　输入许可证秘钥

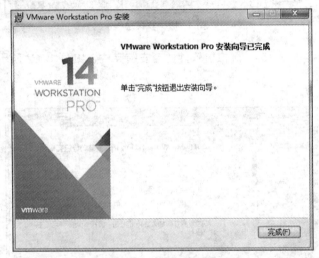

图 1-14　虚拟机安装完成

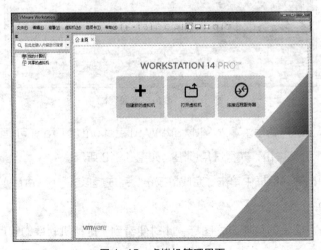

图 1-15　虚拟机管理界面

通过以上 12 个操作步骤，VMware Workstation 14 Pro 就安装好了，下面对虚拟机进行设置。

1.3.3 虚拟机设置

安装虚拟机后，如果想在虚拟机中安装操作系统，还需要对虚拟机进行设置。

第 1 步：在图 1-15 所示界面中选择"文件"→"新建虚拟机"选项，并在弹出的"新建虚拟机向导"对话框中选择"典型"单选项，然后单击"下一步"按钮，如图 1-16 所示。

图 1-16 "新建虚拟机向导"对话框

第 2 步：选择"稍后安装操作系统"单选项，然后单击"下一步"按钮，如图 1-17 所示。

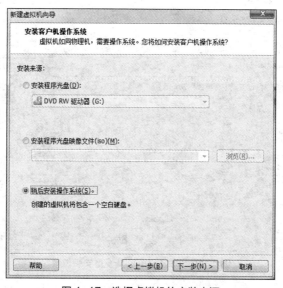

图 1-17 选择虚拟机的安装来源

第 3 步：将"客户机操作系统"的类型选择为"Linux"，"版本"选择为"CentOS 7 64 位"，然后单击"下一步"按钮，如图 1-18 所示。

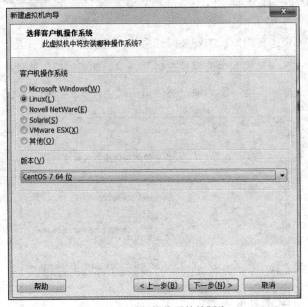

图 1-18　选择操作系统的版本

第 4 步：填写"虚拟机名称"，选择合适的安装位置，单击"下一步"按钮，如图 1-19 所示。

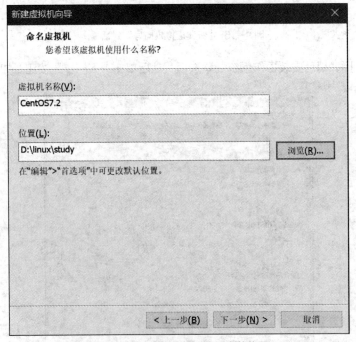

图 1-19　命名虚拟机及设置安装位置

第 5 步：设置虚拟机系统的"最大磁盘大小"为 80.0GB（选择建议的 20GB 也可以），选择"将虚拟磁盘拆分成多个文件"单选项，方便 FAT32 文件格式的磁盘复制，然后单击"下一步"按钮，如图 1-20 所示。

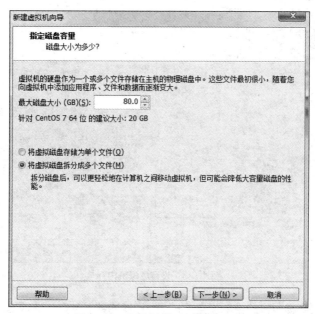

图 1-20　设置虚拟机最大磁盘大小

第 6 步：单击"自定义硬件"按钮，如图 1-21 所示。

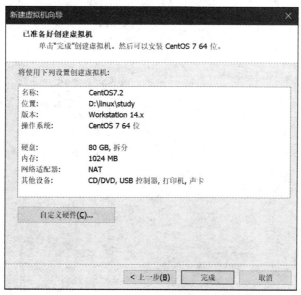

图 1-21　虚拟机的配置信息

第 7 步：弹出图 1-22 所示的对话框，在其中设置虚拟机系统内存，建议设置为 2GB，最低不应低于 1GB。

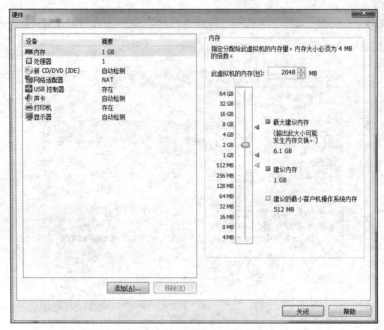

图 1-22　设置虚拟机内存

第 8 步：根据真实物理机的性能设置 CPU 处理器的数量及每个处理器的内核数量，并开启虚拟化功能，如图 1-23 所示。

图 1-23　设置虚拟机的处理器参数

第 9 步：导入已经下载好的镜像文件到虚拟机，如图 1-24 所示。

第 10 步：为方便后面实验得到结果，设置"网络连接"为"仅主机模式"，如图 1-25 所示。

图 1-24　将 ISO 镜像文件导入虚拟机

图 1-25　设置虚拟机的网络适配器

　　VMware Workstation 虚拟机软件为用户提供了 3 种可选的网络模式，分别为桥接模式、NAT 模式和仅主机模式。

　　（1）桥接模式。此模式相当于在物理主机与虚拟机网卡之间架设了一座桥，使虚拟机可以通过物理主机的网卡访问外网。

　　（2）NAT 模式。此模式让 VM 虚拟机的网络服务发挥路由器的作用，使得虚拟机软件模拟的主机可以通过物理主机访问外网，在物理主机中 NAT 虚拟机网卡对应的物理网卡是 VMnet8。

（3）仅主机模式。此模式仅让虚拟机内的主机与物理主机通信，虚拟机不能访问外网，在物理主机中仅主机模式模拟网卡对应的物理网卡是 VMnet1。

第 11 步：移除不需要的声卡、打印机设备等，然后单击"关闭"按钮，如图 1-26 所示。

图 1-26　最终的虚拟机配置

第 12 步：此时显示虚拟机配置的详细情况，如图 1-27 所示。

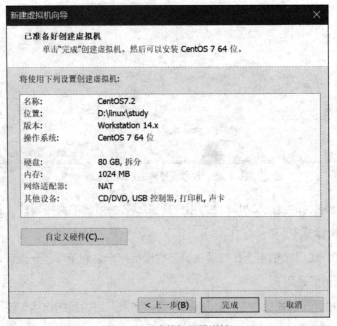

图 1-27　虚拟机配置详情

第 13 步：单击图 1-27 所示的"完成"按钮，虚拟机配置成功，如图 1-28 所示。

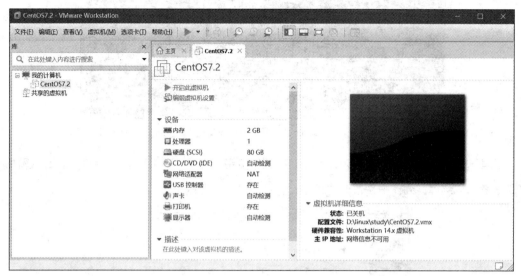

图 1-28　虚拟机成功配置的界面

通过以上 13 个操作步骤，VMware Workstation 14 Pro 已经配置好了。下面可以安装 Linux CentOS 7 了。

1.3.4　安装 Linux 操作系统

第 1 步：单击图 1-28 所示的"开启此虚拟机"按钮，进入系统安装界面，如图 1-29 所示。

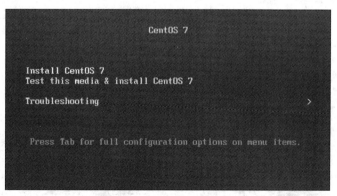

图 1-29　CentOS 7 安装界面

第 2 步：选择"Install CentOS 7（安装 CentOS 7）"选项进行安装；选择"Test this media & install CentOS 7（测试此媒体并安装 CentOS 7）"选项会先检查光盘的完整性再安装，检查光盘会花费一定的时间；选择"Troubleshooting 故障诊断"选项会启动救援模式。

第 3 步：按 Enter 键后开始加载安装镜像，如图 1-30 所示。

```
-  Press the          key to begin the installation process.

[  OK  ] Started Show Plymouth Boot Screen.
[  OK  ] Reached target Paths.
[  OK  ] Reached target Basic System.
[   12.181508] sd 2:0:0:0: [sda] Assuming drive cache: write through
[   14.688983] dracut-initqueue[7941]: mount: /dev/sr0 is write-protected, mounting read-only
[  OK  ] Started Show Plymouth Boot Screen.
[  OK  ] Reached target Paths.
[  OK  ] Reached target Basic System.
[   14.688983] dracut-initqueue[7941]: mount: /dev/sr0 is write-protected, mounting read-only
[  OK  ] Created slice system-checkisomd5.slice.
```

图 1-30　加载安装镜像

第 4 步：选择系统的安装语言后单击"继续"按钮，如图 1-31 所示。刚接触 Linux 操作系统的读者可以选择"简体中文"选项。

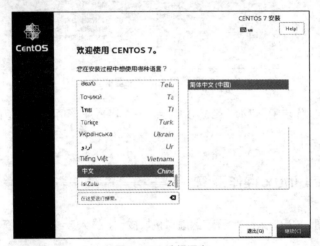

图 1-31　选择语言

第 5 步：进入安装系统界面，如图 1-32 所示。

图 1-32　安装系统界面

第 6 步：选择安装系统界面上的"软件选择"选项，它默认选择"最小安装"单选项，有很多命令和服务都不会安装；对初学者来说，建议选择"GNOME 桌面"或者"带 GUI 的服务器"单选项；单击左上角的"完成"按钮，如图 1-33 所示。

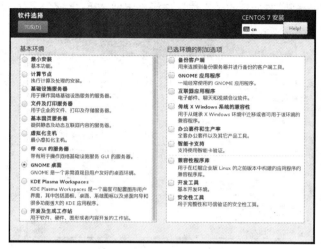

图 1-33　系统软件类型

第 7 步：选择安装系统界面上的"安装位置"选项，该选项默认是自动配置分区，初学者可以学习一下手动配置分区，这里选择"我要配置分区"单选项，如图 1-34 所示。

图 1-34　选择手动配置分区

安装 Linux 操作系统时必须至少有两个分区：交换分区（swap 分区）和根分区（/分区）。

（1）交换分区。当 Linux 操作系统中运行的程序需要的内存比计算机上拥有的物理内存要大的时候，解决办法就是把存不下的东西转移到硬盘的虚拟内存中，另外也可以把很久不运行的程序转移到虚拟内存中，等要用的时候再取回。swap 分区就是 Linux 操作系统中专门划分给虚拟内存使用的分区，它使用一种特别的文件系统，即 Swap 文件系统。swap 分区的大小原则上是物理内存的 1～1.5 倍，如果物理内存在 8GB 以上的话，swap 分区大小为 8GB 也可以满足要求。

（2）根分区。这里用于存放包括系统程序和用户数据在内的所有数据，其文件系统类型通常是 XFS 或者是 EXT4、EXT3 等。由于 XFS 优于 EXT4，建议使用 XFS。

第 8 步：单击图 1-34 左上角的"完成"按钮，出现"手动分区"界面，如图 1-35 所示。

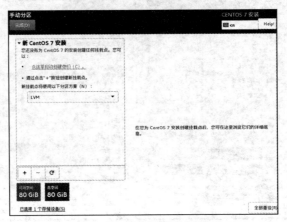

图 1-35 "手动分区"界面

第 9 步：单击图 1-35 左下角的"+"号，添加 swap 分区，如图 1-36 所示；单击"添加挂载点"按钮，完成 swap 分区的添加工作，如图 1-37 所示。

图 1-36 添加 swap 分区

图 1-37 swap 分区添加完成

第 10 步：单击图 1-37 左下角的“+”号，继续添加根分区，如图 1-38 所示；根分区的期望容量不填则表示把剩下的空间全部划分给根分区；单击“添加挂载点”按钮，完成根分区的添加工作，如图 1-39 所示。

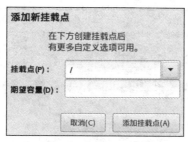

添加新挂载点
在下方创建挂载点后
有更多自定义选项可用。
挂载点(P)：
/
期望容量(D)：
取消(C)
添加挂载点(A)

图 1-38　添加根分区

手动分区
完成(D)
CENTOS 7 安装
cn
Help! (F1)
新 CentOS 7 安装
系统
/
76 GiB
swap
4096 MiB
centos-swap
centos-root
挂载点(P)：
/
期望容量(D)：
76 GiB
设备：
VMware, VMware Virtual S
(sda)
设备类型(T)：
LVM
文件系统(Y)：
xfs
Volume Group
centos
标签(L)：
名称(N)：
root
992.5 KiB
80 GiB

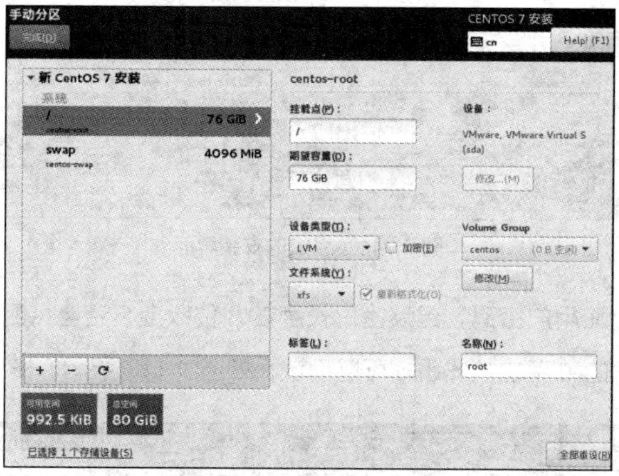

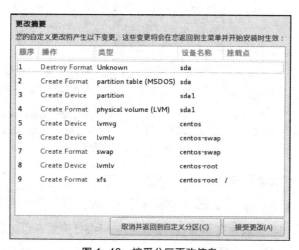

图 1-39　根分区添加完成

第 11 步：单击图 1-39 左上角的“完成”按钮，出现图 1-40 所示的界面，单击“接受更改”按钮，回到安装系统界面。

更改摘要
您的自定义更改将产生以下变更，这些变更将会在您返回到主菜单并开始安装时生效：
顺序 操作 类型 设备名称 挂载点
1 Destroy Format Unknown sda
2 Create Format partition table (MSDOS) sda
3 Create Device partition sda1
4 Create Format physical volume (LVM) sda1
5 Create Device lvmvg centos
6 Create Device lvmlv centos-swap
7 Create Format swap centos-swap
8 Create Device lvmlv centos-root
9 Create Format xfs centos-root /
取消并返回到自定义分区(C)
接受更改(A)

图 1-40　接受分区更改信息

第 12 步：单击"开始安装"按钮，进入系统安装界面，需要设置 root 密码并创建用户，如图 1-41 所示；这里网络和主机名及 KDUMP 暂时都不用设置，等后续学习的时候再陆续配置管理。

图 1-41　系统的安装界面

第 13 步：设置 root 用户密码，建议密码长度在 8 位以上；若坚持用强度等级较弱的密码，则需要单击两次左上角的"完成"按钮才可以确认，如图 1-42 所示。

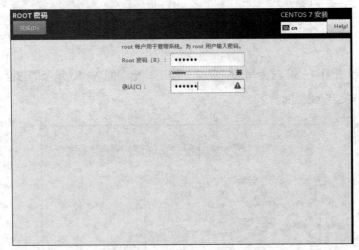

图 1-42　设置 root 用户密码

第 14 步：设置一个普通用户"rhce1"，如图 1-43 所示。

第 15 步：接下来安装系统，完成安装需要等待 30 分钟左右，完成后如图 1-44 所示。

第 16 步：系统成功安装后会提示重启，重启后，将进行接受许可协议的过程，如图 1-45 所示，按顺序输入"1""2""q""yes"即可；再次重启后进入系统登录界面，如图 1-46 所示。

图 1-43　设置普通用户的账户和密码

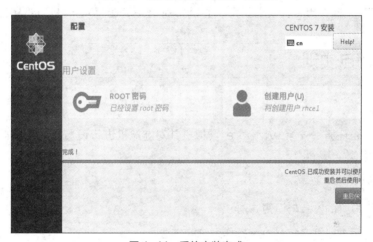

图 1-44　系统安装完成

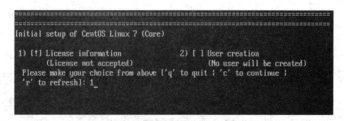

图 1-45　接受许可协议

图 1-46　登录界面

第 17 步：为了方便学习，可以在虚拟机菜单栏中选择"虚拟机"→"快照"→"拍摄快照"选项，拍摄一个关机快照，拍摄快照的目的是快速恢复到初始化安装状态，如图 1-47 所示。

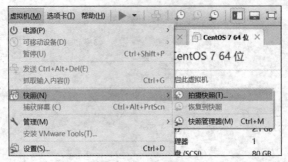

图 1-47　拍摄快照

通过以上 17 个操作步骤，我们就完成了 Linux 操作系统全部的安装和部署工作。

1.4　项目实训

【实训任务】

本实训的主要任务是安装 VMware 虚拟机并对虚拟机进行设置，利用虚拟机安装 Linux CentOS 7.2。

【实训目的】

（1）掌握虚拟机的安装与设置方法。

（2）掌握利用虚拟机安装 Linux 操作系统的方法。

【实训内容】

（1）Linux 操作系统版本为 CentOS 7.2。

（2）设置虚拟机硬盘空间为 100GB，内存为 4GB。

（3）将超级用户 root 的密码设置为 redhat@123；添加一个普通用户 test，将密码设置为 123456。

（4）将安装的操作系统软件类型设置为"GNOME 桌面"。

（5）手动设置 4 个分区：交换分区（swap）大小为 8GB，根分区（/）大小为 61GB，/home 分区大小为 30GB，/boot 分区大小为 1GB。swap 分区的文件系统类型选用 Swap，根分区、/home 分区、/boot 分区文件系统类型选用 XFS。

项目练习题

（1）Linux 操作系统的发行版本有哪些（最少写出 4 个）？

（2）安装 Linux 操作系统，至少需要哪两个分区？

（3）Linux 操作系统有哪些优点？

（4）根据目录用途描述，在下面空白处写出对应的目录结构。

序号	目录用途	目录名称
1	系统管理所需要的配置文件和子目录	
2	系统的根目录	
3	普通用户主目录	
4	root 账户的主目录	
5	普通用户命令存放的目录	
6	临时文件存放的目录	
7	Linux 外部设备存放的目录	

项目2
Linux操作系统常用命令

02

学习目标

- 掌握Linux命令格式
- 掌握常用文件管理类命令
- 掌握常用目录管理类命令
- 掌握常用压缩和解压缩类命令
- 掌握常用系统管理类命令

素质目标

- 培养学生良好的学习习惯
- 激发学生的求真求实意识

2.1 项目描述

小明所在公司的服务器由原来的 Windows 操作系统更换成了 Linux 操作系统，小明之前习惯通过图形化界面操作 Windows 操作系统，但是他发现 Linux 服务器没有图形化界面，于是小明决定通过学习 Linux 基础命令来操作 Linux 服务器。

本项目主要介绍 Linux 操作系统中一些常用的命令。为了便于记忆，本项目对 Linux 操作系统的常用命令进行分类，分为目录管理类命令、文件管理类命令、查找与搜索类命令、压缩与解压缩类命令、简单系统管理类命令和进程管理类命令进行讲解。

2.2 知识准备

2.2.1 Linux 命令格式

Linux 操作系统的一大优势就是命令行操作，可以通过 Linux 命令来查看系统的状态，或者远程监控 Linux 操作系统，因此掌握常用的 Linux 命令是很有必要的。Linux 命令非常多，而且使用同一个命令、不同的参数得到的操作结果也不一样，这给初学者造成了困难。

Linux 命令格式如下。

Linux 命令　　　　[参数]　　　[操作对象]

初学者想要熟练掌握 Linux 基础命令，有以下几点需要注意。

（1）命令名、参数和操作对象之间用空格分开，至少应有 1 个空格。

（2）命令区分大小写，例如，date、Date、DATE 是 3 个不同的命令。

（3）参数是对命令的特别定义，使用同一个命令、不同的参数会得到不同的操作结果。

（4）参数一般以"-"开始，多个参数可以用一个"-"连起来，如命令"ls-l-a"与"ls-la"的作用是一样的。

（5）一般来说，单字符参数前使用一个减号（-），单词（多字符）参数前使用两个减号（--），如"ls--help"。

（6）操作对象可以是文件，也可以是目录。

（7）有些命令的参数和操作对象可以省略，如 pwd 命令。

（8）有些命令的操作对象必须有多个，如 cp 命令和 mount 命令需要指定源操作对象和目标操作对象。

（9）书写命令的时候，可以按 Tab 键补全。

（10）可以通过小键盘的向上箭头键或者向下箭头键，查看执行的历史命令。

2.2.2 Linux 命令行终端

在桌面上单击鼠标右键，在弹出的快捷菜单中选择"在终端中打开"命令，如图 2-1 所示。这样就可以打开一个 Linux 命令行终端，如图 2-2 所示。

V2-1　Linux
命令行终端

图 2-1　打开命令行终端

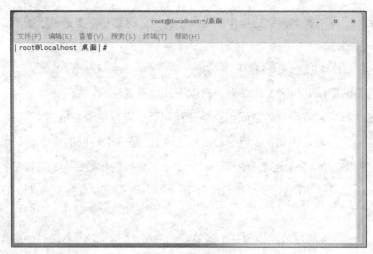

图 2-2　命令行终端

在 CentOS 7.2 文本环境下，在命令"[root@localhost 桌面]#"中，"root"表示登录系统的用户名；"localhost"表示计算机名；"桌面"表示用户的当前目录；最后的"#"字符表示命令提示符，如果是普通用户账户登录系统，则命令提示符为"$"，如果是 root 用户账户登录系统，则命令提示符为"#"。为了叙述方便，我们采用 root 用户账户登录系统。

2.2.3　Linux 命令作用

本书由于篇幅有限，仅介绍一些常用的 Linux 命令。各命令的作用如表 2-1 所示。

表 2-1　常用 Linux 命令及作用

序号	类别	命令	作用
1	目录管理类命令	pwd	显示用户当前所处的目录
2		cd	改变工作目录
3		ls	显示用户当前目录或指定目录的内容
4		mkdir	创建目录
5	文件管理类命令	touch	创建文件
6		cp	复制文件或目录
7		rm	删除文件或目录
8		mv	移动或重命名现有的文件或目录
9		head	查看文件的开头部分
10		tail	查看文件的结尾部分
11		cat	查看小文件（一屏幕内）的内容
12		more	查看大文件的内容
13		less	查看大文件的内容

续表

序号	类别	命令	作用
14	查找与搜索类命令	find	在指定目录下查找文件
15		grep	在文件中查找指定的关键字
16	压缩与解压缩类命令	tar	对文件进行打包压缩或解压
17	系统管理类命令	man	查看指令帮助或配置文件帮助信息
18		shutdown	用来执行重启或者关机操作
19		reboot	重启系统
20		echo	用于在终端输出字符串或变量提取后的值
21		>与>>	重定向输出到文件
22		|	将前一条命令的输出作为后一条命令的标准输入
23		who	显示系统中有哪些登录用户
24		su	切换用户
25		uname	用于查看系统内核与系统版本等信息
26	进程管理类命令	ps	查看系统的进程
27		kill	结束进程

本书把 Linux 常用命令做了一个简单归类，即目录管理类命令、文件管理类命令、查找与搜索类命令、压缩与解压缩类命令、系统管理类命令、进程管理类命令。当然还有一些其他命令，如网络管理类命令、vi 编辑器类命令、用户管理类命令、权限管理类命令，这些将在后续的项目中涉及。

2.3　项目实施

2.3.1　目录管理类命令

1. pwd 命令（print working directory 命令的缩写）

功能：显示用户当前所处的目录。

格式：pwd（使用该命令的时候不需要参数和操作对象）

【实例 1】显示当前的工作目录。

```
[root@localhost 桌面]# pwd
/root/桌面
```

2. cd 命令（change directory 命令的缩写）

功能：改变工作目录。

格式：cd　[目的目录]

cd 命令常用的操作如表 2-2 所示。

表 2-2　cd 命令常用的操作

序号	命令	作用
1	cd	切换到用户家目录，Linux 系统中用户的家目录可以用～表示
2	cd　目录名称	切换到指定目录
3	cd ..	切换到上一层目录

【实例 2】切换到用户的家目录。

```
[root@localhost 桌面]# cd      #切换到家目录
[root@localhost ~]# pwd
/root
```

【实例 3】切换到/home/rhce1/目录。

```
[root@localhost ~]# cd  /home/rhce1/      #切换到指定目录/home/rhce1/目录
[root@localhost rhce1]# pwd
/home/rhce1
```

【实例 4】切换到当前目录的上一层目录。

```
[root@localhost rhce1]# pwd   #显示当前处于哪个目录
/home/rhce1
[root@localhost rhce1]# cd  .. #切换到上一层目录
[root@localhost home]# pwd
/home
```

从结果中可以看出由原来的/home/rche1 目录切换到了上层/home 目录。

【实例 5】切换到当前目录下的 rhce1 目录。

```
[root@localhost home]# cd  rhce1          #切换到指定目录 rhce1
```

上面的操作会涉及相对路径和绝对路径两个概念，初学者往往在目录的切换过程中出错，这是因为没有弄清相对路径和绝对路径的区别。

绝对路径：绝对路径一定是由根目录（/）写起的，如/usr/local/mysql。

相对路径：相对路径不是由根目录（/）写起的。例如，用户首先进入/home，然后进入 rhce1 目录，执行的命令为"#cd /home, #cd rhce1"，此时用户所在的路径为 /home/ rhce1。第一个 cd 命令后紧跟/home，前面有"/"；而第二个 cd 命令后紧跟 rhce1，前面没有"/"。这个 rhce1 是相对于/home 目录来讲的，所以称为"相对路径"。

V2-2　绝对路径
和相对路径

在 Linux 系统中，用"."表示当前目录，用".."表示当前目录的上一层目录。用"～"表示用户的家目录。

3. ls 命令（list 命令的缩写）

功能：显示用户当前目录或指定目录的内容。

格式：ls　[参数]　[目录或文件]

ls 命令的参数较多，常用的参数及作用如表 2-3 所示

表 2-3 ls 命令常用参数及作用

序号	参数	作用	备注
1	-l	显示详细格式列表	命令 ls-l 和命令 ll 的效果是一样的
2	-d	显示目录名称而非其内容	-
3	-a	显示目录下所有的文件和目录	隐藏文件也会被显示出来

【实例 6】以普通格式显示当前目录下的文件。

```
[root@localhost rhce1]# ls
公共  模板  视频  图片  文档  下载  音乐  桌面
```

【实例 7】显示根目录（/）下文件的详细信息。

要显示详细信息，可以输入命令"ls -l"。参数部分-l 中的"l"是字母 L 的小写，注意不要看成数字 1。

```
[root@localhost rhce1]# ls -l  /
总用量 32
lrwxrwxrwx.    1      root      root      7      11 月 2  19:04  bin -> usr/bin
dr-xr-xr-x.    4      root      root      4096   11 月 12 15:22  boot
drwxr-xr-x.    20     root      root      3240   11 月 21 08:41  dev
drwxr-xr-x.    136    root      root      8192   11 月 21 2018   etc
drwxr-xr-x.    3      root      root      18     11 月 2 19:38   home
......
```

从实例 6 和实例 7 的显示结果来看，实例 7 显示的信息比实例 6 丰富，具体的显示信息含义将在项目 6 中介绍。

【实例 8】显示目录/home/rhce1 的目录信息。

```
[root@localhost rhce1]# ls  -ld  /home/rhce1/
drwx------. 14 rhce1 rhce1 4096 11 月   2 13:15 /home/rhce1/
```

【实例 9】显示目录/home/rhce1 下的全部文件。

```
 [root@localhost rhce1]# ls -a
.                  .bash_profile    .config        .local      模板   文档   桌面
..                 .bashrc          .esd_auth      .mozilla    视频   下载
.bash_logout    .cache           .ICEauthorit y  公共       图片   音乐
```

对比实例 6 的结果，实例 9 多出了一些文件，这些文件的名字前面都有一个"."，这种类型的文件是 Linux 系统中的隐藏文件。

4. mkdir 命令（make directory 命令的缩写）

功能：创建目录。

格式：mkdir [-参数] [新的目录名称]

Mkdir 命令的参数有-m 和-p 两个，常用的是-p 或--parents，作用是若所要建立目录的上层目录目前尚未建立，则上层目录会一并建立。

【实例 10】在当前目录下创建 dir1 目录。

[root@localhost rhce1]# mkdir   dir1

【实例 11】在/tmp 目录下创建 dir1、dir2、dir3 目录。

[root@localhost rhce1]# mkdir   /tmp/dir1   /tmp/dir2   /tmp/dir3

【实例 12】在根目录下创建/data/share 目录。由于在根目录下没有 data 目录，直接运行命令 mkdir /data/share 会出错，因此需要加上参数-p。

[root@localhost rhce1]# mkdir   -p   /data/share

2.3.2 文件管理类命令

1. touch 命令

功能：创建文件或修改文件/目录的时间戳。

格式：touch [参数] 文件

touch 命令在创建空白文件的时候是不需要参数的，修改文件/目录的时间戳的操作本书不做介绍，因为该命令使用率不高。

【实例 13】创建一个空白文件 main.c。

[root@localhost share]# touch   main.c

2. cp 命令（copy 命令的缩写）

功能：复制文件或目录。

格式：cp [参数] 源文件 目标文件

当使用 cp 命令复制文件的时候，还可以对其进行重命名。cp 命令常用参数及作用如表 2-4 所示。

表 2-4 cp 命令常用参数及作用

序号	参数	作用
1	-p	保留源文件或目录的属性
2	-v	显示指令执行过程
3	-R 或-r	递归处理，将指定目录下的文件与子目录一并处理
4	-d	当复制符号连接时，保留该"链接文件"属性
5	-a	此参数的效果和同时指定"-dpR"参数相同

【实例 14】复制/etc/profile 到当前目录。

[root@localhost share]# cp   /etc/profile   .

上述命令中当前目录是用 "." 来代替的。

【实例 15】将/etc/profile 复制到当前目录,并重命名为 profile.bak。

[root@localhost share]# cp   /etc/profile   ./profile.bak

【实例 16】将/etc 目录复制到当前目录。

[root@localhost share]# cp   -av   /etc/   .

3. rm 命令（remove 命令的缩写）

功能：删除目录或者文件。

格式：rm   [-参数]   [文件或目录]

rm 命令常用参数及作用如表 2-5 所示。

表 2-5   rm 命令常用参数及作用

序号	参数	作用
1	-r 或-R	递归处理,将指定目录下的所有文件及子目录一并处理
2	-f 或--force	强制删除文件或目录
3	-i	删除现有的文件或目录之前询问用户

rm 命令默认情况下为 rm=rm-i,而且只能删除文件,不能删除目录。如果想删除目录,则需要加参数-r。

【实例 17】删除 file1 文件,默认情况下会询问是否真的删除,输入"y",表示确认删除。

[root@localhost share]# rm file1
rm: 是否删除普通空文件 "file1"? y

【实例 18】删除 dir 目录（dir 目录内有很多文件）时如果只加参数-r,则会一个一个询问是否确认删除该文件。

[root@localhost share]# rm -r dir
rm: 是否进入目录"dir"? y
rm: 是否删除普通文件 "dir/l2ping"? y

【实例 19】为了避免一个一个询问,可以将参数-r 和-f 一起使用,格式如下。

[root@localhost share]# rm -rf   dir

4. mv 命令（move 命令的缩写）

功能：移动或更名现有的文件或目录。

格式：mv   [参数]   源文件或目录   目标文件或目录

【实例 20】将当前目录下的 profile 文件移动到/tmp 目录下。

[root@localhost share]# mv   profile   /tmp

mv 命令的移动功能相当于 Windows 系统中的剪切和粘贴功能。

【实例 21】把当前目录下的 profile.bak 文件重命名为 profile 文件。

[root@localhost share]# mv   profile.bak   profile

5. head 命令

功能：查看文件的开头部分。

格式：head　[参数]　文件名称

默认情况下，head 命令用于查看文件的前 10 行。如果只想查看文件的前 3 行，则可以使用参数-3 或者-n 3。

【实例 22】查看当前目录下 anaconda-ks.cfg 文件的前 10 行。

```
[root@localhost ~]# head anaconda-ks.cfg
#version=DEVEL
# System authorization information
auth --enableshadow --passalgo=sha512
# Use CDROM installation media
cdrom
# Use graphical install
graphical
# Run the Setup Agent on first boot
firstboot --enable
ignoredisk --only-use=sda
```

【实例 23】查看当前目录下 anaconda-ks.cfg 文件的前 3 行。

```
[root@localhost ~]# head  -3  anaconda-ks.cfg
#version=DEVEL
# System authorization information
auth --enableshadow --passalgo=sha512
```

6. tail 命令

功能：查看文件的结尾部分。

格式：tail　[参数]　文件名称

默认情况下，tail 命令用于查看文件结尾的 10 行，其作用与 head 命令恰恰相反。使用该命令可以通过查看日志文件的最后 10 行来阅读重要的系统信息，还可以观察日志文件被更新的过程。tail 命令常用的参数是-f，用于监视文件变化。如果只想查看文件的最后 3 行，则可以使用参数-3。

【实例 24】查看/var/log/messages 文件的最后 3 行。

```
[root@localhost share]# tail  -3  /var/log/messages
  Nov 22 08:57:20 localhost NetworkManager[1005]: <warn>  (eno16777736): Activation:
failed for connection 'eno16777736'
  Nov 22 08:57:20 localhost NetworkManager[1005]: <info>  (eno16777736): device state
change: failed -> disconnected (reason 'none') [120 30 0]
  Nov 22 08:57:20 localhost avahi-daemon[896]: Withdrawing address record for
fe80::20c:29ff:fe0f:3832 on eno16777736.
```

【实例 25】即时观察/var/log/messages 文件的变化，可以随时按"Ctrl+C"组合键退出观察。

```
[root@localhost share]# tail  -f  /var/log/messages
```

Nov 22 09:03:52 localhost NetworkManager[1005]: <info>　NetworkManager state is now CONNECTING

7. cat 命令

功能：一般用来查看小文件（一屏幕内）的内容。

格式：cat　文件名称

【实例 26】查看/etc/sysconfig/network-scripts/ifcfg-eno16777736 文件的内容。

```
[root@localhost share]# cat　/etc/sysconfig/network-scripts/ifcfg-eno16777736
TYPE=Ethernet
BOOTPROTO=dhcp
DEFROUTE=yes
PEERDNS=yes
PEERROUTES=yes
IPV4_FAILURE_FATAL=no
IPV6INIT=yes
IPV6_AUTOCONF=yes
IPV6_DEFROUTE=yes
IPV6_PEERDNS=yes
IPV6_PEERROUTES=yes
IPV6_FAILURE_FATAL=no
NAME=eno16777736
UUID=67517ccc-611d-4bd8-b894-6dd46e1c06b3
DEVICE=eno16777736
ONBOOT=yes
```

8. more 命令

功能：查看大文件的内容。

格式：more　文件名称

用 more 命令查看大文件内容的时候，会以一页一页的方式显示。按 Space 键会翻到下一页，并且下方会有一个百分比，用于提示阅读了多少内容。按 Q 键可以退出查看。

【实例 27】查看/etc/profile 文件的内容。

```
[root@localhost home]# more　/etc/profile
# /etc/profile
# System wide environment and startup programs, for
# Functions and aliases go in /etc/bashrc
# It's NOT a good idea to change this file unless you
　know what you
……
# will prevent the need for merging in future updates
--More--(21%)
```

9. less 命令

功能：查看大文件的内容。

格式：less　文件名称

Less 命令的用法比 more 命令更加灵活。使用 more 命令的时候，并没有办法向前面翻，只能往后面翻；但若使用 less 命令，就可以使用 PageUp、PageDown 等按键来往前或往后翻页，更容易查看一个文件的内容。除此之外，less 命令还拥有更多的搜索功能，不仅可以向下搜，还可以向上搜。按 Q 键可以退出查看。

【实例 28】查看/etc/profile 文件的内容。

[root@localhost home]# less　/etc/profile

2.3.3　查找与搜索类命令

1. find 命令

功能：在指定目录下查找文件。

格式：find　查找路径　查找条件　文件名　[操作]

find 命令的参数及作用如表 2-6 所示。

表 2-6　find 命令的参数及作用

序号	参数	作用
1	-name	按文件名称查找文件
2	-user	按文件拥有者查找文件
3	-group	按文件所属组查找文件
4	-atime	按文件访问时间查找文件，-n 指 n 天以内，+n 指 n 天以前
5	-ctime	按文件创建时间查找文件，-n 指 n 天以内，+n 指 n 天以前
6	-mtime	按文件更改时间查找文件，-n 指 n 天以内，+n 指 n 天以前
7	-exec command{}\;	对查到的文件执行 command 操作，{}表示前面查找到的内容，注意{}和\; 之间有空格
8	-ok	和-exec 相同，只不过在操作前要询问用户
9	-perm	按执行权限查找文件

【实例 29】从系统中查找文件名为 passwd 的文件。

[root@localhost share]# find　/　-name　passwd
/sys/fs/selinux/class/passwd
/sys/fs/selinux/class/passwd/perms/passwd
/etc/passwd
/etc/pam.d/passwd
/usr/bin/passwd
/usr/share/bash-completion/completions/passwd

上述命令表示从根目录（/）开始查找以 passwd 命名的文件。

【实例 30】从整个文件系统中找出所有属于 rhce1 用户的文件并复制到/root/findresults 目录。

```
[root@localhost share]# mkdir /root/findresults
[root@localhost share]# find / -user rhce1 -exec cp -a {} /root/findresults/ \;
```

【实例 31】查找系统中 10 天之前访问过的文件。

```
[root@localhost share]# find  /   atime  +10
```

2. grep 命令

功能：在文件中查找指定的字符串或关键字。

格式：grep [-参数] 关键字 文件

grep 命令的搜索功能非常强大，常用的参数及作用如表 2-7 所示。grep 命令除了可以查找固定的字符串，还可以结合通配符（*、?）实现复杂的匹配模式。

表 2-7 grep 命令常用参数及作用

序号	参数	作用
1	-n	显示行号
2	-i	忽略大小写查找
3	-v	反转查找，即列出没有关键词的行

【实例 32】搜索/etc/profile 文件中包含字符串"then"的行并显示对应的行数。

```
[root@localhost share]# grep  -n  "then"  /etc/profile
16:            if [ "$2" = "after" ] ; then
25:if [ -x /usr/bin/id ]; then
26:     if [ -z "$EUID" ]; then
37:if [ "$EUID" = "0" ]; then
47:if [ "$HISTCONTROL" = "ignorespace" ] ; then
59:if [ $UID -gt 199 ] && [ "`id -gn`" = "`id -un`"]; then
66:     if [ -r "$i" ]; then
67:           if [ "${-#*i}" != "$-" ]; then
```

【实例 33】搜索/etc/vsftpd/vsftpd.conf 文件中不包含字符串"#"的行并显示对应的行数。

```
[root@localhost Packages]# grep -vn "#" /etc/vsftpd/vsftpd.conf
12:anonymous_enable=YES
16:local_enable=YES
19:write_enable=YES
23:local_umask=022
37:dirmessage_enable=YES
40:xferlog_enable=YES
43:connect_from_port_20=YES
57:xferlog_std_format=YES
......
```

2.3.4　压缩与解压缩类命令

tar 命令

功能：对文件进行打包压缩或解压缩。

格式：tar　[参数]　文件

要理解 tar 命令，首先要弄清两个概念：打包和压缩。打包是指将一大堆文件或目录变成一个总的文件，压缩则是将一个大的文件通过压缩算法变成一个小文件。利用 tar 命令，可以把一大堆文件和目录全部打包成一个文件，这对备份文件或将几个文件组合成为一个文件以便于网络传输来说是非常有用的。tar 命令常用参数及作用如表 2-8 所示。

表 2-8　tar 命令常用参数及作用

序号	参数	作用
1	-c（小写）	建立新的备份文件
2	-z	通过 gzip 格式压缩或解压缩
3	-j	通过 bzip2 格式压缩或解压缩
4	-x	从备份文件中还原文件
5	-v	显示指令执行过程
6	-f	指定目标文件名
7	-C（大写）	解压缩到指定目录

【实例 34】对/etc 目录进行打包备份。

```
[root@localhost share]# tar   -cvf   etc.tar   /etc
```

在上述命令中，".tar" 后缀名不是必需的，但是一般都会加上这个后缀名，以告诉用户这个文件是一个打包归档文件。使用参数-z 时，一般会指定后缀名为 ".tar.gz"；使用参数-j 时，一般会指定后缀名为 ".tar.bz2"。

【实例 35】将/etc 目录以 gzip 格式进行打包压缩。

```
[root@localhost share]# tar   -zcvf   etc.tar.gz   /etc
```

【实例 36】将/etc 目录以 bzip2 格式进行打包压缩。

```
[root@localhost share]# tar   -jcvf   etc.tar.bz2 /etc
```

【实例 37】将 etc.tar.gz 文件解压缩。

```
[root@localhost share]# tar   -zxvf   etc.tar.gz
```

【实例 38】将 etc.tar.bz2 文件解压缩到/tmp 目录下。

```
[root@localhost share]# tar   -jxvf   etc.tar.bz2   -C   /tmp
```

2.3.5 简单系统管理类命令

1. man 命令（manual 命令的缩写）

功能：查看 Linux 系统中的指令帮助、配置文件帮助和编程帮助等信息。

格式：man 参数 命令或者配置文件

man 命令又被称为 Linux 系统界的"男人"命令，使用频率是比较高的。

【实例 39】查看 cp 命令的用法。

[root@localhost home]# man cp

按 Enter 键后，即可看到 cp 命令的帮助信息，如图 2-3 所示。

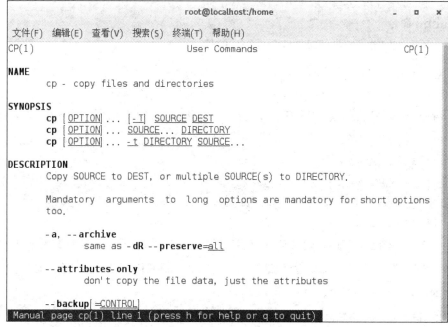

图 2-3 cp 命令的帮助信息

2. shutdown 命令

功能：用来执行重启或者关机操作。

格式：shutdown 参数 time

shutdown 命令的常用参数及作用如表 2-9 所示。

表 2-9 shutdown 常用参数及作用

序号	参数	作用
1	-h	关闭电源
2	-r	关闭系统然后重新启动

【实例 40】立即关机。

```
[root@localhost home]# shutdown –h   now
```

【实例 41】关闭系统后重启系统。

```
[root@localhost home]# shutdown –r   now
```

【实例 42】让系统 15:30 重启。

```
[root@localhost home]# shutdown –r   15:30
```

3. reboot 命令

功能：重启系统，和命令 shutdown –r 的作用类似。

格式：reboot   （使用该命令时不需要参数和操作对象）

【实例 43】重启系统。

```
[root@localhost home]# reboot
```

4. echo 命令

功能：用于在终端输出字符串或变量提取后的值。

格式：echo   [字符串 | $ 变量]

【实例 44】把指定字符串"welcome to linux world"输出到终端。

```
[root@localhost home]# echo "welcome to linux world"
welcome to linux world
```

【实例 45】查看当前系统语言。

```
[root@localhost home]# echo $LANG
zh_CN.UTF-8
```

5. >与>>命令

功能：重定向输出到文件，如果文件不存在，就创建文件；>命令会重写文件，如果文件里面有内容会将其覆盖；使用>>命令会追加文件，如果文件里面有内容会把新内容追加到文件末尾，该文件中的原有内容不受影响。

格式：该命令一般会结合其他命令一起使用，如 echo、cat 等命令。

【实例 46】把查看到/home/rhce1 目录的文件列表的详细信息保存到文件 123.txt 中。

```
[root@localhost home]# ls –l   /home/rhce1/ > 123.txt
[root@localhost home]# cat 123.txt
总用量 0
drwxr-xr-x. 2 rhce1 rhce1 6 11 月   2 13:15 公共
drwxr-xr-x. 2 rhce1 rhce1 6 11 月   2 13:15 模板
drwxr-xr-x. 2 rhce1 rhce1 6 11 月   2 13:15 视频
drwxr-xr-x. 2 rhce1 rhce1 6 11 月   2 13:15 图片
drwxr-xr-x. 2 rhce1 rhce1 6 11 月   2 13:15 文档
drwxr-xr-x. 2 rhce1 rhce1 6 11 月   2 13:15 下载
drwxr-xr-x. 2 rhce1 rhce1 6 11 月   2 13:15 音乐
drwxr-xr-x. 2 rhce1 rhce1 6 11 月   2 13:15 桌面 zh_CN.UTF-8
```

【**实例 47**】找到/usr/share/dict/words 文件中所有包含 seismic 字符串的行，并将这些行按照原始文件中的顺序追加存放到/root/wordlist 文件的末尾，/root/wordlist 文件不能包含空行。

```
[root@localhost home]# grep seismic /usr/share/dict/words >> /root/wordlist
[root@localhost home]# cat /root/wordlist
anaseismic
antiseismic
aseismic
bradyseismical
coseismic
isoseismic
……
```

6. |命令（管理命令）

功能：将前一条命令的输出信息作为后一条命令的标准输入。

格式：命令 1 | 命令 2 | 命令 3

【**实例 48**】逐页逐行查看/etc 目录的内容信息。

```
[root@localhost home]# le  -al  /etc  | less
```

【**实例 49**】查看/etc 目录下有关 ssh 命令的信息。

```
[root@localhost home]# ls -al /etc | grep ssh
drwxr-xr-x.   2 root root       4096 11月   2 20:55 ssh
```

使用|命令时有以下几个需要注意的事项。

（1）|命令只处理前一个命令的正确输出，不处理错误输出。

（2）|命令的右边命令必须能够接收标准输入流命令。

（3）常用来接收数据管道的命令有 head、tail、more、less、sed、awk、wc 等。

7. who 命令

功能：显示系统中有哪些登录用户。

格式： who [参数] [用户]

who 命令的参数及作用如表 2-10 所示。

表 2-10 who 命令的参数及作用

序号	参数	作用
1	-H	显示各栏位的标题信息列
2	-u	显示闲置时间，若该用户在前一分钟之内有动作，将标示成"."号；如果该用户已超过 24 小时没有任何动作，则标示成"old"字符串
3	-m	显示当前登录用户

【**实例 50**】显示当前登录系统的用户。

```
[root@localhost home]# who -Hm
名称     线路      时间            备注
```

```
root      pts/0        2018-12-12 09:08    (:0)
```

8. su 命令（switch user 命令缩写）

功能：变更为其他使用者的身份；从超级用户变更到普通用户不需要输入密码，从普通用户变更到超级用户或者其他的普通用户需要输入变更用户的密码。

格式：su [-] [用户]

"-"的作用是把当前用户的环境变量也切换过来。

【实例 51】从当前 root 用户变更为 rhce1 用户。

```
[root@localhost home]# whoami
root
[root@localhost home]# su - rhce1
上一次登录：三 12 月 12 10:42:19 CST 2018pts/0 上
[rhce1@localhost ~]$ whoami
rhce1
```

这里需要说明一下 su 命令和 su - 命令的区别：使用 su 命令只是切换了 root 身份，但 shell 环境仍然是普通用户的 shell；而使用 su 命令-是连用户和 shell 环境一起切换成 root 身份了。

9. uname 命令

功能：用于查看系统内核与系统版本等信息。

格式：uname [-a]

【实例 52】查看当前系统的信息。

```
[root@localhost home]# uname -a
Linux localhost.localdomain 3.10.0-327.el7.x86_64 #1 SMP Thu Nov 19 22:10:57 UTC 2015
x86_64 x86_64 x86_64 GNU/Linux
```

如果想查看当前系统版本的详细信息，则需要查看/etc/redhat-release 文件。

```
[root@localhost home]# cat /etc/redhat-release
CentOS Linux release 7.2.1511 (Core)
```

2.3.6 进程管理类命令

1. ps 命令

功能：查看系统的进程。

格式：ps [参数]

ps 命令常用的参数及作用如表 2-11 所示。

表 2-11 ps 命令常用参数及作用

序号	参数	作用
1	-a	显示现行终端机下的所有进程，包括其他用户的进程
2	-e	显示所有的进程

续表

序号	参数	作用
3	-f	把相关信息进行一个更为完整的输出
4	-u	显示用户以及其他详细信息
5	-x	显示没有控制终端的进程，通常与 a 这个参数一起使用，可列出较完整信息
6	-l	较长、较详细地将该 PID 的信息列出

【实例 53】显示当前属于这次登录的 PID 与相关信息。

```
[root@localhost home]# ps -l
F S UID PID PPID   C  PRI  NI  ADDR   SZ    WCHAN  TTY      TIME       CMD
4 S 0  5371 4401   0   80   0    -    29068  wait    pts/1    00:00:00   bash
0 T 0 14487 5371   0   80   0    -    27562  signal  pts/1    00:00:00   less
0 R  0  16378 5371  0  80   0 - 34343 -              pts/1    00:00:00 ps
```

各信息参数意义如表 2-12 所示。

表 2-12　各信息参数意义

序号	信息	意义
1	F	代表这个程序的旗标（flag），4 代表使用者为超级用户
2	S	代表这个程序的状态（STAT）
3	UID	代表执行者身份
4	PPID	父进程的 ID
5	C	CPU 使用的资源百分比
6	PRI	Priority 的缩写，指进程的执行优先级，其值越小越早被执行
7	NI	这个进程的 nice 值，表示进程可被执行的优先级的修正数值
8	ADDR	内核函数，指出该程序在内存的哪个部分。如果是个执行的程序，一般就显示"-"
9	SZ	使用掉的内存大小
10	WCHAN	目前这个程序是否正在运行当中，若为-则表示正在运行
11	TTY	登录者的终端机位置
12	TIME	使用掉的 CPU 时间
13	CMD	所下达的指令名称

2. kill 命令

功能：结束进程。

格式：kill [-signal] PID

-signal 表示向进程发出的信号，如果没有指定任何信号，默认发送的信号为 SIGTERM(-15)，可将指定进程终止。若无法终止该进程，可使用更强力的 SIGKILL(-9)信号尝试终止进程。

【实例 54】终止一个 PID 为 14487 的进程。

```
[root@localhost home]# kill 14487
[root@localhost home]# kill  -9 14487
```

2.4 项目实训

【实训任务】

本实训的主要任务是在 CentOS 7.2 中通过 Linux 基础命令操作 Linux 文件，并熟练使用和掌握这些常用的 Linux 基础命令。

【实训目的】

（1）掌握 Linux 命令格式。

（2）掌握常用的目录管理类命令、文件管理类命令。

（3）掌握常用的查找与搜索类命令、压缩与解压缩类命令。

（4）掌握常用的系统管理类命令、进程管理类命令。

【实训内容】

（1）在/home 目录下新建一个以学号命名（例如 jt150101）的目录。

（2）切换到以学号命名的目录。

（3）显示当前的工作目录。

（4）新建 aa、bb、cc、x/y/z 等目录。

（5）在当前目录内新建 newfile.txt 测试文件。

（6）切换到/home/"学号"/x/y/z 目录，新建 xyz.txt 空文件。

（7）切换到当前上层目录，新建 xy.c 空文件。

（8）将/etc/samba/smb.conf 文件复制到/home/"学号"/aa 目录下。

（9）将/etc/samba/smb.conf 文件复制到/home/"学号"/bb 目录下，并更名为自己姓名首字母.back 文件，例如，姓名为刘德华，则首字母为 ldh。

（10）将/etc 文件夹复制到/home/"学号"/cc 目录下。

（11）列出/home/"学号"/目录下的文件列表，并以长格式显示。

（12）在/home 目录下，对/etc 目录运行打包命令，包格式为学号.tar.gz。

（13）在/home 目录下，对/etc 目录运行打包命令，包格式为学号.tar.bz2。

（14）把名为学号.tar.bz2 的包解压缩到/opt 目录下，并以"学号-姓名"的形式重命名/opt 目录下的文件夹。

（15）在系统中查找以 passwd 命名的所有文件。

（16）查找系统中拥有者为 rpc 用户的所有文件，并将其复制到/root/findfiles 目录下。

（17）找到/usr/share/dict/words 文件中所有包含 seismic 字符串的行，并将这些行按照原始文件中的顺序存放到/root/wordlist 文件中，/root/wordlist 文件不能包含空行。

项目练习题

（1）cat、more、less 这 3 个命令在查看文件的时候有什么区别？

（2）>与>>命令在重定向输入的时候有什么区别？

（3）rm 命令与 rmdir 命令有什么区别？

（4）绝对路径和相对路径有什么区别？

（5）根据其作用在空白处写出对应的 Linux 命令。

序号	命令	作用
1		显示用户当前所处的目录
2		改变工作目录
3		显示用户当前目录或指定目录的内容
4		创建目录
5		创建文件
6		复制文件或目录
7		删除文件或目录
8		移动或重命名现有的文件或目录
9		在指定目录下查找文件
10		在文件中查找指定的关键字
11		查看指令帮助或配置文件帮助信息
12		在终端输出字符串或变量提取后的值
13		重定向输出到文件
14		切换用户
15		结束进程

项目3
文本管理

03

学习目标

- 理解vim编辑器的3种模式的概念
- 掌握vim编辑器的3种模式的转换方法
- 掌握vim编辑器中的快捷命令

素质目标

- 形成科学严谨的学习态度
- 培养学生的自学意识

3.1 项目描述

小明通过一段时间的学习，掌握了一些 Linux 操作系统的基础命令，能够简单处理一部分问题。但是小明发现通过单个命令很难完成一些逻辑性较强的任务，于是小明决定通过编写一段文档代码来实现对文件和服务器的轻松管理。

本项目主要介绍 Linux 操作系统下 vim 编辑器的使用，以及 vim 编辑器 3 种模式的转换和操作方法。

3.2 知识准备

3.2.1 vim 编辑器介绍

在 Linux 操作系统中一切都是文件，而配置一个服务就是在修改其配置文件的参数。在日常工作中，作为管理员免不了要编写文档，这些工作都是通过文本编辑器来完成的。

文本编辑器有很多，如采用图形模式的 gedit、kwrite、OpenOffice，采用文本模式的编辑器有 vi、vim（vi 的增强版本）。vi 和 vim 是我们在 Linux 操作系统中最常用的编辑器，它是一款由加州大学伯克利分校的比尔·乔伊（Bill Joy）研究开发的文本编辑器。

vim 是增强版的 vi，除了具备 vi 的功能外，还可以用不同颜色显示不同类型的文本内容。

vim 编辑器号称"Linux 操作系统界的瑞士军刀"，通过 vim 编辑器可以编写开发文件、裁剪配置文件等。

3.2.2　vim 编辑器模式

vim 编辑器内设有 3 种模式，即命令模式、末行模式和编辑模式，每种模式又分别支持多种不同的命令快捷键组合，3 种模式之间可以相互切换。下面对 3 种模式做简要说明。

V3-1　vim
编辑器模式

1. 命令模式

当启动 vim 编辑器时，命令模式是 vim 编辑器的默认模式。在该模式下可以进行复制、粘贴、删除、撤销和查找等操作。

2. 编辑模式

在命令模式或末行模式下，输入字母"i""a"或"o"，都可以进入编辑模式，在该模式下能正常进行文本的录入。

3. 末行模式

末行即最后一行，末行模式有一个明显的特征就是有一个冒号（：），在该模式下可以对文档进行保存、退出、设置行号和取消行号等操作。

vim 编辑器的 3 种模式切换如图 3-1 所示。需要注意的是，编辑模式不能直接切换到末行模式，每次编辑完成需先返回到"命令模式"后再进入"末行模式"。

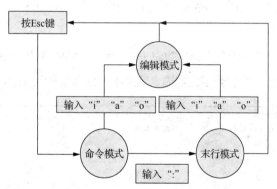

图 3-1　vim 编辑器的 3 种模式切换

3.3　项目实施

3.3.1　vim 编辑器启动

在系统提示符后输入"vi"（或"vim"）和想要编辑（或建立）的文件名，便可进入 vim 编辑器，即新建的 vim 编辑器窗口，文件名称是 hello.c，如图 3-2 所示。

编写脚本文档的第 1 步就是给文件命名，这里将其命名为 hello.c。如果该文件存在，则打开该文件；如果该文件不存在，则创建一个临时的输入文件。

```
[root@redhat ~]# vim   hello.c
```

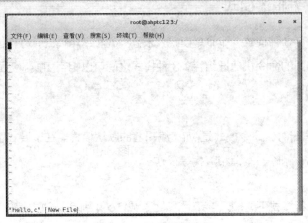

图 3-2　vim 编辑器窗口

打开 hello.c 文件后，默认进入 vim 编辑器的命令模式。此时只能执行该模式下的命令，而不能随意输入文本内容，要想编辑文件内容，则需要切换到编辑模式。

3.3.2　vim 编辑器内容输入

要输入文件内容，需要先输入开关命令，即 i 命令（或者 a 命令，或者 o 命令，这 3 个命令之间的区别在下文中讲解）。

输入开关命令以后，编辑器窗口有"INSERT"提示，如图 3-3 所示。进入编辑模式后，可以随意输入文本内容，vim 编辑器不会把输入的文本内容当作命令执行。

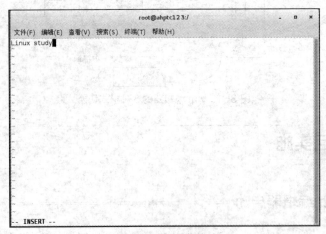

图 3-3　进入编辑模式

当文件已经编辑完成，需要进行保存，该怎么操作呢？

3.3.3　vim 编辑器保存与退出

当文件编辑完成以后，需要保存并退出时，必须先按 Esc 键从编辑模式返回命令模式，然后再输入冒号"："，进入末行模式，最后输入"wq"可以保存并退出当前文件。

【实例 1】编辑/etc/selinux/config 文件，把 SELINUX 参数的值设定为 permissive，并保存退出。

```
[root@redhat ~]# vim  /etc/selinux/config
```

找到 SELINUX 参数并把值修改成 permissive，即 SELINUX=permissive，修改完成后，按 Esc 键，再输入"：wq"，保存并退出该文件，如图 3-4 所示。

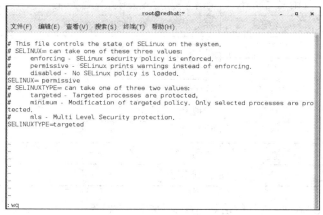

图 3-4　保存与退出

3.3.4　vim 编辑器编辑模式命令

前面提到输入开关命令"i""a"或"o"都可以进入编辑模式，开关命令具体的作用如表 3-1 所示。

表 3-1　开关命令的作用

序号	命令	作用
1	i	从光标所在位置前开始插入文本，光标后的文本随新增文本向后移动
2	I	从光标所在行的第一个非空白符前开始插入文本
3	a	从光标所在位置后开始插入文本，光标后的文本随新增文本向后移动
4	A	从光标所在行的行尾开始新增文本
5	o	在光标所在行下方新增一行并进入输入模式
6	O	在光标所在行上方新增一行并进入输入模式

3.3.5　vim 编辑器命令模式命令

V3-2　vim 编辑器
命令模式命令

进入 vim 编辑器窗口后，当前默认模式为命令模式，该模式下有一些重要的命令，其作用如表 3-2 所示。

表 3-2　命令模式下常用命令及作用

序号	命令	作用
1	yy	复制光标所在整行
2	nyy 或者 yny	复制从光标开始的 n 行
3	p	粘贴
4	dd	删除（剪切）光标所在整行
5	ndd 或者 dnd	删除（剪切）从光标处开始的 n 行
6	/字符串	在文本中从上至下搜索该字符串
7	?字符串	在文本中从下至上搜索该字符串
8	n	显示搜索命令定位到的下一个字符串
9	N	显示搜索命令定位到的上一个字符串
10	u	撤销上一次操作
11	gg	回到第一行
12	ngg	回到 n 行
13	G	回到最后一行

【实例 2】在/etc/profile 文件编辑器内查找 PATH 字符串。

在编辑器命令模式下输入"/PATH"命令即可，查找到的字符串将会高亮显示，按 N 键可以继续查找符合条件的字符串，如图 3-5 所示。

```
# /etc/profile

# System wide environment and startup programs, for login setup
# Functions and aliases go in /etc/bashrc

# It's NOT a good idea to change this file unless you know what you
# are doing. It's much better to create a custom.sh shell script in
# /etc/profile.d/ to make custom changes to your environment, as this
# will prevent the need for merging in future updates.

pathmunge () {
    case ":${PATH}:" in
        *:"$1":*)
            ;;
        *)
            if [ "$2" = "after" ] ; then
                PATH=$PATH:$1
            else
                PATH=$1:$PATH
            fi
    esac
}

/PATH
```

图 3-5　在 vim 编辑器中查找 PATH 字符串

3.3.6 vim 编辑器末行模式命令

末行模式命令主要有保存、退出、设置行号、替换等相关操作，末行模式相关命令及作用如表 3-3 所示。

表 3-3 末行模式下常用命令及作用

序号	命令	作用
1	:wq	保存并退出
2	:w	保存
3	:w!	强制保存，如果文件属性为只读，则强制写入该文件。是否能真正写入，还跟文件的权限相关
4	:q	退出
5	:q!	强制退出，若文件被修改过，则不保存
6	:set nu	设置行号
7	:set nonu	取消行号
8	:n1,n2s/被替换字符/替换字符/g	从第 n1 行到 n2 行替换；如果是全文替换，则 n1=1,n2=$

【实例 3】在/etc/profile 文件中显示文本的行号。

有时候需要编辑的文本行数较多，为了方便修改，需要知道文本的行号。这时候，只要在末行模式下输入 ":set nu" 命令，再按 Enter 键就可以看见行号了，如图 3-6 所示。

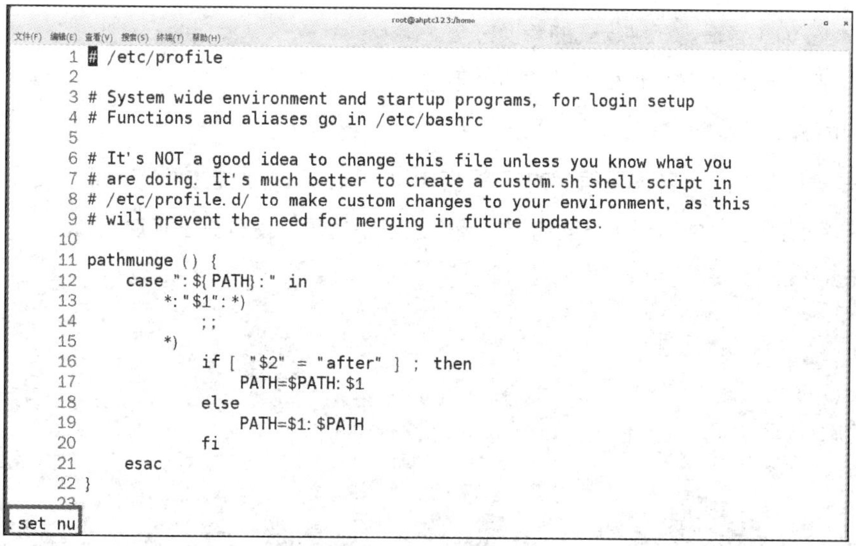

图 3-6 显示行号

【实例 4】用字符串 "LOAD" 替换/etc/profile 文件中出现的字符串 "PATH"。

在末行模式下输入命令"：1,$s/PATH/LOAD/g"，如图 3-7 所示。

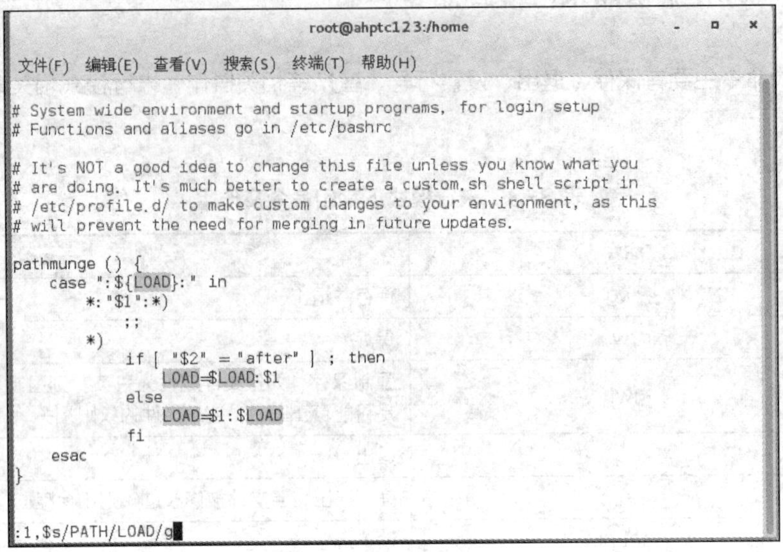

图 3-7　替换字符串

3.4　项目实训

【实训任务】

本实训的主要任务是学习使用 LinuxCentOS 7.2 中 vim 编辑器 3 种模式下的各种命令。

【实训目的】

（1）掌握 vim 编辑器 3 种模式的转换方法。

（2）掌握 vim 编辑器 3 种模式下的命令用法。

【实训内容】

下面是一段在 Linux 环境下编写的 C 语言代码，该代码的功能主要是计算 100 以内的偶数的和。但是在编写过程中出现了一些错误，请修改以下代码，使其真正实现该功能。

```c
#include <stdio.h>
int main()
{
    int i, s;
    for (i=0; i<100; i++)
    {
        s = s+i;
    }
    printf("100 以内(含 100)偶数和为%d\n", s);
    return 0;
}
```

（1）显示该文档的行号。

（2）给变量 *s*、变量 *i* 添加一个初始值 0。

（3）for 循环内范围包含 100。

（4）变量 *i* 的值是偶数递增。

（5）把文档中的变量 *s* 用 sum 进行替换。

（6）删除文档中的空行。

（7）保存并退出该文档。

项目练习题

（1）vim 编辑器的 3 种模式分别是什么，它们之间是怎么切换的？

（2）编辑/etc/hosts 文件，在里面添加如下命令行，并用 cat 命令查看修改后的文件。

 192.168.1.200　学号

（3）编辑/etc/selinux/config 文件，设置 selinux 模式为 permissive。

（4）编辑/etc/sysconfig/network-script/ifcfg-eno16777736 文件，在文件最后加入以下 3 行。

IPADDR=192.168.1.241　　// ip 地址为 192.168.1.241

GATEWAY=192.168.1.254　//网关为 192.168.1.254

NETMASK=255.255.255.0　//子网掩码为 255.255.255.0

（5）根据作用描述，在下面空白处填写相应的 vim 编辑器命令。

序号	命令	作用
1		保存并退出
2		设置行号
3		取消行号
4		在全文中把 YES 替换成 OK
5		将光标定位到 150 行
6		回到最后一行
7		复制
8		粘贴
9		删除
10		取消上一次操作

项目4
网络接口管理

04

学习目标

- 理解网络配置文件参数的含义
- 掌握IP地址临时生效配置方法
- 掌握IP地址永久生效配置方法
- 掌握常用的网络配置命令

素质目标

- 培养学生的辩证思维
- 提高学生的团队协作精神

4.1 项目描述

小明所在公司新安装的 Linux 操作系统服务器还没有配置 TCP/IP 网络参数，不能与外界进行通信。为方便管理服务器，作为网络管理员，小明决定给服务器配置一个静态的 IP 地址，并使服务器可以通过互联网被外网访问。

本项目主要介绍 Linux 操作系统 IP 地址配置的方法，有临时配置使用的、有永久配置使用的、有通过命令配置的、有通过文件配置的、有通过图形化界面配置的，大家可以选择适合自己的配置方法，并熟练掌握这种配置方法。

4.2 知识准备

4.2.1 网络配置文件介绍

Linux 操作系统中网络配置参数都保存在相关的配置文件中，要配置相关参数，如 IP 地址、网关等，可以使用命令、图形化界面，也可以直接修改相关配置文件。不管采用哪种方法，参数配置的最终结果都保存在几个相关文件中，因此熟悉相关配置文件对于配置与管理网络是十分必要的。4 个重要的网络配置文件如表 4-1 所示。

表 4-1   4 个重要的网络配置文件

序号	配置文件	作用
1	/etc/sysconfig/network-scripts/ifcfg-enoxxxx	网卡配置文件
2	/etc/hosts	本地域名解析文件
3	/etc/resolve.conf	DNS 解析文件
4	/etc/hostname	主机名配置文件

网卡命名方式从以前 CentOS 6 命名的 eth0、eth1、eth2 的格式变成了 enoXXXXX 的格式，eno16777736 是 CentOS 7.2 默认的第一块网卡名称。"en"代表 enthernet（以太网）；"o"代表 onboard（内置）；那一串数字是主板的某种索引编号自动生成的，以便保证其唯一性。和原先的命名方式相比，这种新的格式比较长，难以记忆，不过优点在于编号唯一，做系统迁移的时候不容易出错。

4.2.2   网卡配置文件

CentOS 7.2 网卡配置文件是/etc/sysconfig/network-scripts/ifcfg-enoxxxx，这个文件是设置网卡主要参数的文件，里面可以设置 IP、子网掩码、网关和域名等信息，以及设置开机时的 IP 地址是静态还是动态获取。部分重要的参数含义如下。

V4-1   网卡
配置文件

（1）TYPE=Ethernet：网络类型，一般是 Ethernet，还有其他的网络类型如 bond、bridge。

（2）BOOTPROTO=dhcp：获取 IP 地址的方式，启动的协议，获取配置的方式；dhcp 表示动态获取，static 表示静态手动配置。

（3）DEFROUTE=yes：是否设置默认路由。

（4）PEERDNS=yes：DNS 服务器可以在该文件（网卡的配置文件）中设置，也可以在/etc/resolv.conf 中设置；若该参数指定为 yes，则表示网络启动后加载的 DNS 服务器的位置是从/etc/resolv.conf 读取。

（5）NAME=eno16777736：网卡名字，给用户识别用。

（6）UUID=67517ccc-611d-4bd8-b894-6dd46e1c06b3：系统层面的全局唯一机器标识符号，若 VMware 克隆的虚拟机无法启动网卡，则可以删除该项。

（7）DEVICE=eno16777736：系统逻辑设备名。

（8）ONBOOT=yes：开机启动时是否激活网卡设备。

（9）IPADDR=192.168.1.100：设置网卡对应的 IP 地址。

（10）NETMASK=255.255.255.0：指定子网掩码，也可以通过 PREFIX 参数指定，如

PREFIX=24。

（11）GATEWAY=192.168.1.254：指定网关。

（12）DNS=202.102.192.68：指定 DNS 服务，如果有多个 DNS，可以用参数 DNS1、DNS2 指定。

4.2.3　本地域名解析文件

CentOS 7.2 本地域名解析文件是/etc/hosts，该文件记录计算机 IP 地址对应的主机名称。把常用的网址与 IP 地址对应关系加入/etc/hosts 文件，能够提高访问速度。

其中第 1 列是 IP 地址，第 2 列是主机名，第 3 列是主机别名。

```
[root@localhost ~]# cat /etc/hosts
220.181.37.4    www.baidu.com    baidu
127.0.0.1       localhost localhost.localdomain localhost4 localhost4.localdomain4
::1             localhost localhost.localdomain localhost6 localhost6.localdomain6
①               ②                ③
IP 地址          主机名            主机别名
```

4.2.4　DNS 解析文件

CentOS DNS 解析文件是/etc/resolve.conf，该文件是 DNS 域名解析的配置文件。它的格式很简单，每行以一个关键字开头，后接配置参数。resolve.conf 的关键字主要如下。

（1）nameserver：定义 DNS 服务器的 IP 地址。

（2）domain：定义本地域名。

（3）search：定义域名的搜索列表。

下面通过 cat 命令查看一下域名解析配置文件。

```
[root@localhost ~]# cat   /etc/resolve.conf
# Generated by NetworkManager
search localdomain
nameserver 202.102.192.68
nameserver 8.8.8.8
```

4.2.5　主机名配置文件

CentOS 7.2 主机名配置文件是/etc/hostname，该文件只有一行，记录着本机的主机名。主机名可以通过命令 hostnamectl 配置，也可以把主机名写进/etc/hostname 文件中。查看主机名的命令是 hostname。

hostnamectl 命令格式如下。

```
hostnamectl   set-hostname   主机名
```

【实例 1】配置主机名为 redhat。

```
[root@localhost ~]# hostnamectl  set-hostname  redhat
```

实际上主机名 redhat 写进了主机名配置文件/etc/hostname。

【实例 2】查看主机名。

```
[root@localhost ~]# hostname
redhat
```

通过 hostnamectl 命令配置的主机名，最终结果是写进了主机名配置文件里。

```
[root@localhost ~]# cat /etc/hostname
redhat
```

4.2.6 常用网络命令

1. ping 命令

ping 命令用来测试本主机和目标主机的连通性。在 Linux 操作系统中，使用该命令测试连通性的时候，默认情况下会一直循环 ping 下去，可以通过按组合键"Ctrl+C"或者"Ctrl+D"停止，也可以通过添加参数-c count 指定 ping 的循环次数来停止。

【实例 3】测试 ping 目标主机（192.168.1.1）5 次。

```
[root@redhat ~]# ping -c 5 192.168.1.1
PING 192.168.1.1 (192.168.1.1) 56(84) bytes of data.
64 bytes from 192.168.1.1: icmp_seq=1 ttl=128 time=0.332 ms
64 bytes from 192.168.1.1: icmp_seq=2 ttl=128 time=0.630 ms
64 bytes from 192.168.1.1: icmp_seq=3 ttl=128 time=0.649 ms
64 bytes from 192.168.1.1: icmp_seq=4 ttl=128 time=0.173 ms
64 bytes from 192.168.1.1: icmp_seq=5 ttl=128 time=0.624 ms
--- 192.168.1.1 ping statistics ---
5 packets transmitted, 5 received, 0% packet loss, time 4009ms
rtt min/avg/max/mdev = 0.173/0.481/0.649/0.195 ms
```

2. traceroute 命令

traceroute 命令用于显示本机到达目标主机的路由路径。当然，每次数据包由某一同样的出发点（source）到达某一同样的目的地（destination）即走的路径可能不一样，但大部分时间走的路径是相同的。

```
[root@redhat ~]# traceroute www.baidu.com
traceroute to www.baidu.com (180.101.49.43), 30 hops max, 60 byte packets
 1  60.166.2.193 (60.166.2.193)   5.532 ms   6.000 ms   5.899 ms
 2  61.132.212.17 (61.132.212.17)   2.190 ms   2.100 ms   4.618 ms
......
```

3. netstat 命令

netstat 命令用于显示网络连接、路由表和网络接口统计数等信息。

其常用的参数如表 4-2 所示。

表 4-2　netstat 命令常用参数

序号	参数	作用
1	-r	显示路由表
2	-t	显示 TCP 的线程
3	-u	显示 UDP 的线程
4	-a	显示所有线程
5	-n	显示使用的 IP 地址，而不通过域名服务器
6	-l	显示正在监听的服务线程
7	-s	显示网络工作信息统计表

【实例 4】显示路由表相关信息、网络连接信息、网络服务信息。

```
[root@redhat ~]# netstat -r          #显示路由表
[root@redhat ~]# netstat -an         #显示网络所有的连接
[root@redhat ~]# netstat -tul        #显示正在监听的网络服务
```

4.3　项目实施

Linux 操作系统下 IP 地址常用的配置方法有以下几种。

（1）临时配置 IP 地址。

（2）通过网卡配置文件配置 IP 地址。

（3）通过图形化界面配置 IP 地址。

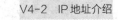

V4-2　IP 地址介绍

在实际的工作中，大家可以选择适合自己的配置方法，并熟练掌握这种方法。

4.3.1　临时配置 IP 地址

临时配置 IP 地址主要是通过 ifconfig 命令实现的。ifconfig 命令是一个传统的底层网络设置工具，使用它可以配置临时 IP 地址，可以激活和关闭网络，也可以查看 IP 地址。

1. 配置临时 IP 地址

ifconfig 命令格式如下。

```
ifconfig 网卡名称  IP 地址  netmask 子网掩码或者子网掩码长度
```

【实例 5】设置 IP 地址为 20.0.0.10，子网掩码为 255.255.255.0。

```
[root@redhat ~]# ifconfig eno16777736 20.0.0.10 netmask 255.255.255.0
#把子网掩码缩写成/24 形式
[root@redhat ~]# ifconfig eno16777736 20.0.0.10/24
```

2. 查看 IP 地址

要查看 IP 地址，可以通过 ifconfig 命令或者 ip a 命令实现。

【实例 6】查看 IP 地址信息。

```
[root@redhat ~]# ifconfig eno16777736
eno16777736: flags=4163<UP,BROADCAST,RUNNING,MULTICAST>   mtu 1500
        inet 20.0.0.10   netmask 255.255.255.0   broadcast 20.0.0.255
        inet6 fe80::20c:29ff:fea3:418f   prefixlen 64   scopeid 0x20<link>
        ether 00:0c:29:a3:41:8f   txqueuelen 1000   (Ethernet)
        RX packets 20   bytes 4297 (4.1 KiB)
        RX errors 0   dropped 0   overruns 0   frame 0
        TX packets 399   bytes 35660 (34.8 KiB)
        TX errors 0   dropped 0 overruns 0   carrier 0   collisions 0
```

4.3.2   通过网卡配置文件配置 IP 地址

通过 ifconfig 命令配置的 IP 地址是临时生效的，当系统重启后，IP 地址将无效。那么怎样配置 IP 地址使其永久生效呢？可以通过网卡配置文件或者图形化界面配置，其实通过图形化界面配置最终也是把相关配置信息写入网卡配置文件。因此，有必要掌握网卡配置文件参数及配置方法。

Linux 网络设定的配置参数都保存在相关的配置文件中，因此可以通过相应的文件重新配置网络参数，主要有编辑网卡配置文件和激活网络接口两个重要步骤。

第 1 步：编辑网卡配置文件。

前面对网卡配置文件的重要配置参数做了解释，可以保留必要参数，其他的参数删除或采用默认形式。不可缺少的参数主要有 BOOTPROTO、NAME、DEVICE、ONBOOT、IPADDR、GATEWAY、NETMASK 和 DNS 等。

```
[root@redhat ~]# vi   /etc/sysconfig/network-scripts/ifcfg-eno16777736
TYPE=Ethernet
BOOTPROTO=static
NAME=eno16777736
DEVICE=eno16777736
ONBOOT=yes
IPADDR=192.168.1.100
GATEWAY=192.168.1.254
NETMASK=255.255.255.0
DNS=202.102.192.68
```

上面的代码通过网卡配置文件配置 IP 地址，配置的 TCP/IP 相关参数信息如下：IP 地址是192.168.1.100，网关是 192.168.1.254，子网掩码是 255.255.255.0，域名 DNS 信息是

202.102.192.68。此时当我们用 ifconfig 命令或者 ip a 命令查看系统的 IP 地址，会发现还是没有达到配置的效果，这是怎么回事呢？这是因为还缺少了激活网络接口这一步。

第 2 步：激活网络接口。

要使对网卡配置文件的修改生效，还得重新激活网络接口（重启网卡）。重启网卡可以通过命令 systemctl restart network 实现，也可以通过命令 /etc/init.d/network restart 实现。

【实例 7】激活网络接口。

```
[root@redhat ~]#systemctl restart network
```

或者

```
[root@redhat ~]# /etc/init.d/network restart
Restarting network (via systemctl):                    [   确定   ]
```

这里需要重点介绍一下 systemctl 命令，在后面的教学中会经常使用这个命令。

功能：systemctl 命令是系统服务管理器指令，通常用来启动或者停止服务。

格式：systemctl   start|stop|restart|status   服务名

start：启动服务。

stop：停止服务。

restart：先停止，再启动服务。

status：查看服务的状态。

【实例 8】查看网络服务的状态。

```
[root@redhat ~]# systemctl status network
```

这里需要注意的是，不同的 Linux 操作系统，网卡配置文件的位置不一样、参数不一样、服务名也不一样。如 UbuntuLinux 和 KailLinux 网卡配置文件是/etc/network/interfaces，UbuntuLinux 和 KailLinux 网络的服务名称是 networking，所以启动它们服务的命令是/etc/init.d/networking restart 或者 systemctl restart networking。网卡配置文件的配置形式也有少许区别，下面是 KailLinux 网卡配置文件的配置形式。

```
auto eth0
iface eth0 inet static
address 192.168.1.100
netmask 255.255.255.0
gateway 192.168.1.254
dns   202.102.192.68
```

4.3.3 通过图形化界面配置 IP 地址

同 Windows 操作系统图形化界面配置一样，Linux 操作系统也有自己的图形化界面配置 IP 地址方法。在命令行终端运行命令 nm-connection-editor，进入图形化界面配置 IP，如图 4-1 所示。

网络连接
名称
最后使用的
以太网
eno16777736
3 分钟以前
有线连接 1
1 小时以前
桥接
virbr0
3 分钟以前
添加(A)
编辑(E)
删除(D)
关闭(C)

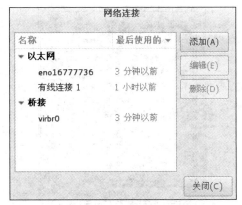

图 4-1　网络设置

接下来对 eno16777736 网卡进行编辑，如图 4-2 所示。

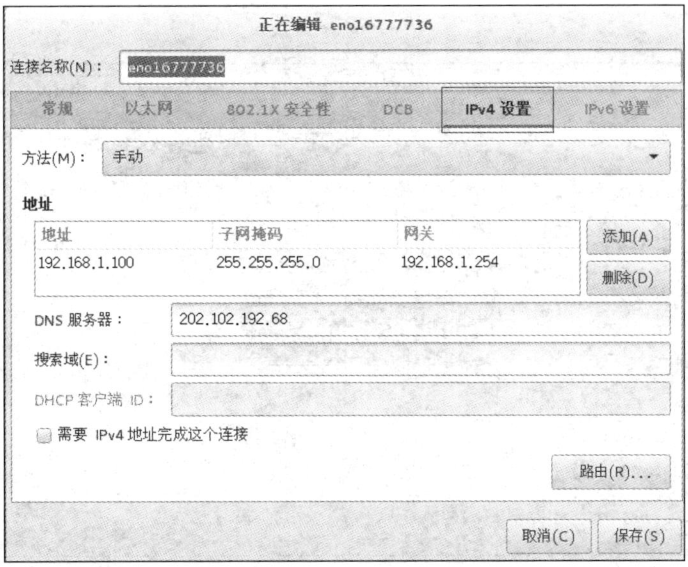

正在编辑 eno16777736
连接名称(N)：
eno16777736
常规
以太网
802.1X 安全性
DCB
IPv4 设置
IPv6 设置
方法(M)：
手动
地址
地址
子网掩码
网关
192.168.1.100
255.255.255.0
192.168.1.254
添加(A)
删除(D)
DNS 服务器：
202.102.192.68
搜索域(E)：
DHCP 客户端 ID：
需要 IPv4 地址完成这个连接
路由(R)...
取消(C)
保存(S)

图 4-2　编辑 eno16777736 网卡

除了 nm-connection-editor 命令以外，使用 nmtui 工具也可以图形化配置 IP 地址。在终端输入命令“nmtui”，进入图形化配置界面，如图 4-3 所示。选择“编辑连接”选项，按 Enter 键进入 IP 地址配置，如图 4-4 所示。

NetworkManag
请选择一个选项
编辑连接
激活连接
设定系统主机名
退出
<确定>

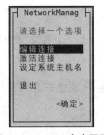

图 4-3　nmtui 命令界面

图 4-4　接口选择界面

在图 4-4 所示的界面中选择网络接口，再选择编辑功能，按 Enter 键进入图 4-5 所示的界面进行配置。

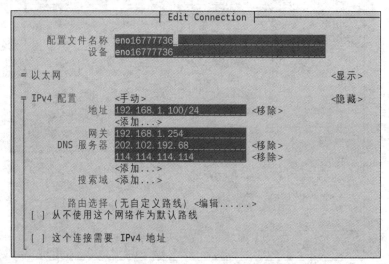

图 4-5　使用 nmtui 工具配置 IP 地址的界面

4.4　项目实训

【实训任务】

本实训的主要任务是在 Linux CentOS 7.2 中配置 TCP/IP 网络参数，并连通网络。

【实训目的】

（1）了解在 Linux 操作系统中配置 IP 地址的几种常用方法。

（2）掌握网卡配置文件配置参数的作用。

（3）学会使用命令检查网络配置。

【实训内容】

（1）设置服务器 IP 地址为：192.168.1.100。

（2）设置服务器默认网关为：192.168.1.254。

（3）设置服务器子网掩码为：255.255.255.0。

（4）设置域名 DNS 服务为：202.102.192.68。

（5）设置服务器各项 TCP/IP 参数，使其在系统重启后依然有效。

（6）测试网络配置的有效性。

项目练习题

（1）如果通过 Linux 操作系统网卡配置文件配置 IP 地址，哪些参数是必须配置的？

（2）在 Linux 操作系统中，配置 IP 地址的方式有哪些？

（3）查看 IP 地址的方式有哪些？

（4）激活网络接口的方式有哪些？

（5）CentOSLinux 网卡配置文件和 UbuntuLinux 网卡配置文件有哪些不同？

（6）Linux 操作系统下重要的网络配置文件是哪些？

（7）根据作用描述，在空白处填写相应的网络服务命令。

序号	命令	作用
1		测试网络的连通性
2		设置主机名
3		查看主机名
4		重启网卡
5		查看网络服务状态
6		进入图形化配置界面
7		显示本机到达目标主机的路由路径
8		显示网络连接
9		显示路由表信息

项目5
用户管理

05

学习目标

- 理解Linux用户的分类
- 掌握Linux用户与用户组文件
- 掌握Linux用户与用户组管理命令

素质目标

- 形成科学严谨的学习态度
- 培养爱国情怀和工匠精神

5.1 项目描述

小明所在公司由于一部分员工离职，又招聘了一批员工。作为网络管理员，小明决定删除离职员工的账户，给每位新进员工创建一个账户和密码，并将这些新员工的账户分配到各个部门。

本项目主要介绍 Linux 操作系统下用户和用户组的基本概念，用户和用户组的文件，以及用户和用户组的管理命令。

5.2 知识准备

5.2.1 Linux 用户

Linux 系统具有多用户、多任务的特点，用户是使用和管理系统的基础。Linux 用户可以分为 3 种：超级用户、系统用户和普通用户。需要注意的是，用户名用来标识用户的名称，可以是字母和数字组成的字符串，且字母区分大小写。

（1）超级用户：Linux 超级用户指 root 用户，它在 Linux 系统中拥有最高的权限，可以对任意文件进行增删和权限修改等。Linux 系统的管理员之所以是 root，并不是因为它的名字叫 root，而是因为该用户的身份号码（User IDentification，UID）的数值为 0。在 Linux 系统中，UID 就相当于我们的身份证号码，具有唯一性，因此可通过用户的 UID 值来判断用户身份。

（2）系统用户：Linux 系统为了避免因某个服务程序出现漏洞而被黑客提权至整台服务器，默认服务程序由独立的系统用户负责运行，这样可以有效控制被破坏范围。在 CentOS 7 中，系统用户的 UID 为 1～999；在 CentOS 6 中，系统用户的 UID 为 1～500。

（3）普通用户：普通用户是由管理员创建的用于日常工作的用户，在 CentOS 7 中普通用户 UID 从 1000 开始。

在 Linux 系统中，用户名是不能重复的，每个用户和用户组都具有唯一的 UID 和 GUID（Globally Unique Identifier，全局唯一标识符）。

5.2.2 Linux 用户组

在 Linux 系统中，为了方便管理属于同一属性的用户、统一规划权限或指定任务，还引入了用户组的概念。使用用户组号码（Group IDentification，GID），可以把多个用户加入同一个组中。假设有一个公司中有多个部门，每个部门中又有很多员工。如果只想让员工访问本部门内的资源，则可以针对部门而非具体的员工来设置权限。例如，可以对技术部门设置权限，使得只有技术部门的员工可以访问公司的数据库信息等。

在 Linux 系统中创建每个用户时，在/home 目录下会创建一个同名的目录，作为该用户的宿主目录。创建用户的时候还将自动创建一个与其同名的基本用户组，而且这个基本用户组只有该用户一个人。如果该用户以后被归纳入其他用户组，则这个其他用户组称为"附属组"。一个用户只有一个基本用户组（又称"主组"或"起始组"），但是可以有多个附加组（又称附属组），从而满足日常的工作需要。

5.2.3 Linux 用户与用户组文件

在 Linux 系统中，与用户和用户组相关的文件有 3 个，即/etc/passwd、/etc/shadow 和/etc/group。其作用如表 5-1 所示。

表 5-1   用户与用户组文件

序号	文件名	作用
1	/etc/passwd	用户账户文件
2	/etc/shadow	用户密码文件
3	/etc/group	用户组管理文件

下面我们分别来分析一下 3 个文件的结构。

1. 用户账户文件/etc/passwd

在 Linux 系统中，所有创建的用户账户及其相关信息（密码除外）均放在/etc/passwd 配置文件中，/etc/passwd 文件每一行都代表一个账户，有几行就代表系统中有几个账户。这个文件里面很多账户本来就是系统正常运行所必

V5-1   用户
账户文件

需的，即前面给大家介绍的系统账户，例如 bin、daemon、adm 和 apache 等，这些账户请不要轻易地删除。

```
[root@localhost 桌面]# cat /etc/passwd
root:x:0:0:root:/root:/bin/bash
bin:x:1:1:bin:/bin:/sbin/nologin
daemon:x:2:2:daemon:/sbin:/sbin/nologin
adm:x:3:4:adm:/var/adm:/sbin/nologin
……
named:x:25:25:Named:/var/named:/sbin/nologin
redhat:x:1000:1000::/home/redhat:/bin/bash
```

以/etc/passwd 文件的第一行 root 用户为例，每行有 7 个字段，各字段之间用冒号（：）分开，每一行的形式如下，各字段含义如表 5-2 所示。

用户名：加密口令：UID：GID：用户描述信息：主目录：命令解释器

表 5-2　用户账户文件各字段含义

序号	字段	说明
1	用户名	用户账户
2	加密口令	用户口令，出于安全性考虑，现在已经不使用该字段保存口令，而用字母 x 来填充该字段，真正的密码保存在 shadow 文件中
3	UID	用户号，唯一表示用户的数字标志
4	GID	用户所属的组号，该数字对应 group 文件中的 GID
5	用户描述信息	可选的关于用户全名、电话等描述信息
6	主目录	用户的家目录
7	命令解释器	用户所用的 shell，默认为/bin/bash

2. 用户密码文件/etc/shadow

由于所有用户对/etc/passwd 文件均有读取权限，为了增强系统的安全性，用户经过加密之后的口令都存放在/etc/shadow 文件中。/etc/shadow 文件只对 root 用户可读，因而大大提高了系统的安全性。

```
[root@localhost 桌面]# cat /etc/shadow
root:$6$yYJUSmwTDVgnelpz$SwBYQ8LzGNjNuhIZ13uDkq19txckJ5OuIqVKGz6CQnvJRla
gzS4IAJvYvjOkPX2lKtbgmE.iuTl4QK01jbWTk0::0:99999:7:::
bin:*:16659:0:99999:7:::
daemon:*:16659:0:99999:7:::
adm:*:16659:0:99999:7:::
```

同/etc/passwd 文件一样，文件中每行代表一个用户，同样使用 "："作为分隔符；不同之处在于，每行用户信息被划分为 9 个字段。每一行形式如下，各字段具体含义如表 5-3 所示。

用户名：加密密码：最后一次修改时间：最小修改时间间隔：密码有效期：密码需要变更前的警告天数：密码过期后的宽限时间：账户失效时间：保留字段

表 5-3　用户密码文件

序号	字段	说明
1	用户名	用户登录名
2	加密密码	加密后的用户口令
3	最后一次修改时间	从 1970 年 1 月 1 日起，到用户最近一次口令被修改的天数
4	最小修改时间间隔	从 1970 年 1 月 1 日起，到用户可以更改密码的天数，即最短口令存活期
5	密码有效期	从 1970 年 1 月 1 日起，到用户必须更改密码的天数，即最长口令存活期
6	密码需要变更前的警告天数	口令过期前几天提醒用户更改口令
7	密码过期后的宽限时间	口令过期后几天账户被禁用
8	账户失效时间	口令被禁用的具体日期（相对日期，从 1970 年 1 月 1 日至禁用时的天数）
9	保留字段	保留域，用于功能扩展

目前 Linux 系统的密码采用的是 SHA512 散列加密算法，原来采用的是 MD5 或 DES 加密算法。SHA512 散列加密算法的加密等级更高，也更加安全。在/etc/shadow 文件中，经加密后的密码产生的乱码不能手动修改，如果手动修改，系统将无法识别密码，导致密码失效。另外，密码字段为"*"表示该用户被禁止登录，密码字段为"!"表示该用户被锁定，密码字段为"!!"表示该用户没设置密码。

3. 用户组管理文件/etc/group

在 Linux 系统中，有关组账户的信息存放在/etc/group 文件中，任何用户都可以读取该文件的内容。

```
[root@localhost 桌面]# cat /etc/group
root:x:0:
bin:x:1:
daemon:x:2:
sys:x:3:
adm:x:4:
```

与/etc/passwd 和/etc/shadow 文件的结构一样，每个组群账户在 group 文件中占用一行，并且用"："分隔为 4 个字段。每一行形式如下。

组群名称：组群口令（一般为空）：GID：组群成员列表

Linux 系统在安装过程中同样创建了一些标准的用户组，如 bin 组、adm 组等，在一般情况下，建议不要对这些用户组进行删除和修改。

5.3　项目实施

Linux 系统作为一种多用户的操作系统，可以允许多个用户同时登录到系统上，并响应每一个用户的请求。对系统管理员而言，一个非常重要的工作就是对用户账户和用户组进行管理，这些工作包括添加和删除用户、分配用户主目录、限制用户的权限等。

一个用户可以只属于一个用户组，也可以属于多个用户组。一个用户组可以只包含一个用户，也可以包含多个用户。因此，用户和用户组存在一对一、一对多、多对一和多对多4种对应关系。当一个用户属于多个用户组时，就有了基本组和附加组的概念。

用户的基本组指的是只要用户登录到系统，就自动拥有这个组的权限。一般来说，当添加新用户的时候，如果没有明确指定新用户所属的组，那么系统会默认创建一个和用户名同名的用户组，这个用户组就是新用户的基本组。用户的基本组是可以修改的，但每个用户只能属于一个基本组。除了基本组外，用户加入的其他组称为"附加组"。一个用户可以同时加入多个附加组，并且拥有每个附加组的权限。在/etc/passwd文件中第4个字段的GID指的是用户基本组的GID。

5.3.1 用户管理命令

与用户管理相关的操作命令有 useradd、passwd、userdel、usermod 和 id。

1. useradd 命令

功能：创建新的用户。

格式：useradd　　[参数]　　用户名

可以使用 useradd 命令创建用户账户。使用该命令创建用户账户时，默认的用户家目录会被存放在/home 目录下，默认的 shell 解释器为/bin/bash，而且默认会创建一个与该用户同名的基本用户组。该命令常用参数及作用如表 5-4 所示。

表 5-4　useradd 命令常用参数及作用

序号	参数	作用
1	-d	指定用户的家目录（默认为/home/username）
2	-u	指定用户的默认 UID，默认是按顺序增长
3	-g	指定一个初始的用户基本组（必须已存在）
4	-G	指定一个或多个扩展（附属）用户组
5	-N	不创建与用户同名的基本用户组
6	-s	指定该用户的默认 shell 解释器

【实例 1】新建一个用户 test，UID 为 5000，指定其扩展组为 admin（已存在），默认家目录为/home/data，不允许 test 用户登录系统。

```
useradd -u 5000 -d /home/data -G admin -s  /sbin/nologin test
```

如果用户的解释器被设置成了/sbin/nologin，则代表该用户不能够登录到系统。可以看到，在/etc/passwd 文件中增加了一行。

```
[root@localhost 桌面]# tail -1 /etc/passwd
test:x:5000:5000::/home/data:/sbin/nologin
```

在/etc/shadow 文件中也同样增加了一行。

```
[root@localhost 桌面]# tail -2 /etc/shadow
test:!!:18479:0:99999:7:::
```

2. passwd 命令

功能：为指定用户添加或者修改密码。

格式：passwd【参数】用户名

passwd 命令常用参数如表 5-5 所示。

表 5-5　passwd 命令常用参数

序号	参数	作用
1	-l	暂停用户登录，用于某用户在未来较长的一段时间内不登录系统的情形。
2	-u	解除锁定，允许用户登录

【实例 2】给 test 用户设置一个密码。

在设置密码的时候，需要注意的是，密码不会用与***类似的形式显示。两次密码输入一致，密码才能设置成功，出于安全考虑，要求设置的密码不少于 8 个字符。

```
[root@localhost 桌面]# passwd test
更改用户 test 的密码 。
新的 密码：                              #输入新密码
无效的密码： 密码少于 8 个字符          #密码少于 8 个字符
重新输入新的 密码：                     #确认新密码
passwd：所有的身份验证令牌已经成功更新。  #更新密码成功
```

当设置好密码后，检查一下/etc/shadow 文件，此时密码字段从原来的"!!"变成了字符乱码。

```
[root@localhost 桌面]# tail -1 /etc/shadow
test:$6$OgQWBkKl$sV3xJ2DKDKpYgoviknsobAnbkxZbUSRjucyC9ClViYOcY/RQ8etkn/Dyc
DMjlCKUkJaCXkJApNZk1hLgCPsBr1:18479:0:99999:7:::
```

【实例 3】暂停 test 用户登录。

```
[root@localhost 桌面]# passwd -l test
锁定用户 test 的密码 。
passwd：操作成功
```

同时，会发现/etc/shadow 文件密码字段前加了两个感叹号"!!"

```
[root@localhost 桌面]# tail -2 /etc/shadow
test:!!$6$OgQWBkKl$sV3xJ2DKDKpYgoviknsobAnbkxZbUSRjucyC9ClViYOcY/RQ8etkn/Dy
cDMjlCKUkJaCXkJApNZk1hLgCPsBr1:18479:0:99999:7:::
```

3. userdel 命令

功能：删除指定用户。

格式：userdel 【参数】用户名

常用参数-r：删除用户时将用户主目录下的所有内容一并删除。

【实例 4】删除 test 用户。

```
[root@localhost 桌面]#userdel -r test
```

4. usermod 命令

功能：修改用户的相关属性。

格式：usermod 【参数】 用户名

该命令的常用参数与 useradd 命令的常用参数相同。

【实例 5】修改一个已经存在的用户 redhat 的相关属性。

```
[root@localhost 桌面]# cat /etc/passwd | grep redhat    #查看用户信息
redhat:x:1000:1000::/home/redhat:/bin/bash
#修改用户信息
[root@localhost 桌面]# usermod -u 2000 -d /home/data -s /sbin/nologin redhat
[root@localhost 桌面]# cat /etc/passwd | grep redhat    #再次查看用户信息来对比
redhat:x:2000:1000::/home/data:/sbin/nologin
```

上述命令将 redhat 用户的 UID 修改成 2000，宿主目录修改成/home/data，并且不允许此用户登录。

5. id 命令

功能：查看用户的 UID、GID。

格式：id 用户名

【实例 6】查看 test 用户的信息。

```
[root@ahptc123 home]# id test
uid=5000(test) gid=5000(test) 组=5000(test),1001(admin)
```

5.3.2 用户组管理命令

与用户组管理相关的操作命令有 groupadd、groupdel、gpasswd 和 groupmod。

1. groupadd 命令

功能：创建群组。

格式：groupadd [参数] 群组名

常用的参数-g，作用为在创建用户组的时候，制定 GID 值。

【实例 7】添加一个名为 product 的群组，并指定 GID 值为 4000。

```
[root@localhost 桌面]# groupadd -g 4000 product
[root@localhost 桌面]# tail -1 /etc/group    #查看组文件信息
product:x:4000:
```

2. groupdel 命令

功能：删除一个已有的用户组。

格式：groupdel 用户组

【实例 8】删除 admin 组。

```
[root@localhost 桌面]# groupdel  admin      #删除 admin 组
[root@localhost 桌面]# groupdel  test1      #test 为主组，不能删除
groupdel: 不能移除用户"test1"的主组
```

从上面的提示信息可知，要确保删除的组不是基本组，才能把这个组删掉。那么怎样才能删除基本组呢？答案是确保基本组里面没有用户。

3. gpasswd 命令

功能：添加用户进组，也可以把用户从组中删除。

格式：gpasswd 【参数】 用户组

gpasswd 命令常用参数及作用如表 5-6 所示。

表 5-6　gpasswd 命令常用参数及作用

序号	参数	作用
1	-a	添加用户入组
2	-d	删除用户出组

【实例 9】添加用户 p1 到 product 组。

```
[root@localhost 桌面]# tail -1 /etc/group          #首先查看组信息
product:x:4000:
[root@localhost 桌面]# useradd p1                   #添加 p1 用户
[root@localhost 桌面]# gpasswd -a p1 product        #将 p1 用户加入组
[root@localhost 桌面]# tail /etc/group | grep product  #查看组信息
product:x:4000:p1
```

4. groupmod 命令

功能：groupmod 命令的作用是修改用户组的属性。

格式：groupmod 【参数】 用户组

groupmod 命令常用参数及作用如表 5-7 所示。

表 5-7　groupmod 命令常用参数及作用

序号	参数	作用
1	-n	修改组的名字
2	-g	修改组的 id

【实例 10】把 product 组名修改成 sales，同时修改组 id 为 1200。

```
[root@localhost 桌面]# groupmod -n sales -g 1200 product
```

5.4　项目实训

【实训任务】

本实训的主要任务是在 LinuxCentOS7.2 中利用与用户和用户组管理相关的命令对离职用户和新入职用户进行管理。

【实训目的】

（1）理解用户和用户组的作用及关系。

（2）理解用户的基本组、附属组的概念。

（3）掌握用户及用户组常用的管理命令。

【实训内容】

（1）删除离职员工 linda 和 alex 这两个用户的所有信息。

（2）新建用户 tom。用户 tom 的 UID 为 1010，登入系统默认目录为/product/sale。

（3）新建用户 jack。用户 jack 的 UID 为 1011，登入系统默认目录为/product/test。

（4）设置 tom 和 jack 两个用户的默认登入密码为 ahptc@123。

（5）新建销售项目组 sale：sale 组的 GID 为 1000。

（6）新建测试项目组 test：test 组的 GID 为 1001。

（7）把用户 tom 加入附属组 sale 组中。

（8）把用户 jack 加入附属组 test 组中。

（9）因为项目组重整，需要把 tom 和 jack 两个用户的附属组修改成 develop 组。

项目练习题

1. 填空题

（1）删除用户使用（　　　　　　　）命令。

（2）删除用户组使用（　　　　　　　）命令。

（3）为了安全起见，Linux 系统对密码提供了更多一层的保护，即把加密后的密码重定向到（　　　　　　　）文件。

（4）在 Linux 系统中，用户文件是（　　　　　　　　），用户密码文件是（　　　　　　　　　），组文件是（　　　　　　　　）。

2. 操作题

（1）新建一个名为 alex 的用户，用户 ID 为 3456，密码为 123456。

（2）修改用户 alex 的登入目录为/public/alex。

（3）新建一个名为 adminuser 的组，组 ID 为 40000。

（4）新建一个名为 natasha 的用户，并将 adminuser 作为其附属组。

（5）新建一个名为 sarah 的用户，其不属于 adminuser 组，并将其 shell 设置为不可登录 shell。

（6）找回丢失的 root 密码。

3．简答题

（1）Linux 用户和用户组的关系是什么？

（2）Linux 用户分为哪几类？

（3）若用户 t1 的密码设置为 123456，用户 t2 的密码也设置为 123456，在/etc/shadow 文件中，用户 t1 密码加密字符串和用户 t2 密码加密字符串是否相同？

（4）Linux 系统中用户和用户组管理的文件是什么？

（5）Linux 系统中用户和用户组管理的常用命令是什么？

项目6
权限管理

06

学习目标

- 理解文件（目录）的各种属性信息
- 学会使用字符法修改权限
- 学会使用数字法修改权限

素质目标

- 树立学生的操作安全意识
- 培养学生分析问题的能力

6.1 项目描述

小明在做系统管理维护的时候，发现不同部门之间的用户不但可以相互访问对方的机密文件，并且还能够增加、删除和修改这些机密文件，这给公司带来了安全隐患。因此小明决定根据工作性质对每个部门和每个用户在服务器上的可用空间进行限制，并对一些机密文件进行访问权限控制。

本项目主要介绍 Linux 系统的权限管理知识，包括权限的表示方法、基本权限设置、特殊权限设置、隐藏属性设置和访问控制列表设置。

6.2 知识准备

6.2.1 Linux 系统权限概述

Linux 系统是多用户系统，能使不同的用户同时访问不同的文件，因此一定要有文件权限控制机制。Linux 系统的权限控制机制和 Windows 系统的权限控制机制有着很大的差别。

Linux 系统的文件或目录被一个用户拥有时，这个用户即文件的拥有者（又称"文件主"）；

V6-1　Linux 系统
权限概述

同时文件还被指定的用户组所拥有，这个用户组被称为文件"所属组"。文件的权限由权限标志来决定，权限标志决定了文件的拥有者、文件的所属组、其他用户对文件访问的权限。

　　Linux 系统文件的访问权限体现在哪里呢？当我们使用命令 ls -l 的时候，我们可以看到文件的详细信息，共有 7 列信息：第 1 列表示文件的类型和权限，第 2 列表示文件的连接数（子文件夹个数），第 3 列表示文件的拥有者，第 4 列表示文件拥有者所在组，第 5 列表示文件大小，第 6 列表示文件最后被修改时间，第 7 列表示文件名。从上面的说明我们可以看出，文件的权限体现在第 1 列、第 3 列和第 4 列。

```
[root@localhost ~]# ls -l
总用量 4
①                ②    ③      ④      ⑤      ⑥            ⑦
-rw-------.       1    root   root   1285   6 月 5 22:34  anaconda-ks.cfg
drwxr-xr-x.      2    root   root   6      6 月 5 14:48   公共
drwxr-xr-x.      2    root   root   6      6 月 5 14:48   模板
drwxr-xr-x.      2    root   root   6      6 月 5 14:48   视频
drwxr-xr-x.      2    root   root   6      6 月 5 14:48   图片
drwxr-xr-x.      2    root   root   6      6 月 5 14:48   文档
drwxr-xr-x.      2    root   root   6      6 月 5 14:48   下载
```

　　第 1 列的 10 个字符表示文件的类型和权限，其中第一个字符表示文件的类型。常见文件类型如表 6-1 所示。

表 6-1　常见文件类型

序号	字符	文件类型
1	－	普通文件
2	d	目录文件
3	l	链接文件
4	b	块设备文件
5	c	字符设备文件
6	p	管道文件

　　我们刚才说到第 1 列有 10 字符，第一个字符表示文件类型，剩下的 9 个字符表示文件的权限。这 9 个权限位，每 3 位被分为一组，如图 6-1 所示。它们分别是属主权限位（占 3 个位置），可以用字符 u 表示；属组权限位（占 3 个位置），可以用字符 g 表示；其他用户权限位（占 3 个位置），可以用字符 o 表示。如权限为 rwxr-xr-x。

图 6-1　文件权限

需要注意的是，每组权限都是由 r、w 或 x 组成的，分别表示可读（r）、可写（w）、可执行（x）等权限，且权限的顺序是"可读—可写—可执行"，这个顺序是不能变的。如果相应的权限位置是-，表示没有该权限。还是以 rwxr-xr-x 为例，它表示文件的拥有者具有可读、可写、可执行的权限，与拥有者在同组的用户具有可读、可执行的权限，其他用户具有可读、可执行的权限。

对一般文件来说，权限比较容易理解："可读"表示能够读取文件的实际内容；"可写"表示能够编辑、新增、修改、删除文件的实际内容；"可执行"则表示能够运行一个脚本程序。

对目录文件来说，"可读"表示能够读取目录内的文件列表；"可写"表示能够在目录内新增、删除、重命名文件；而"可执行"则表示能够进入该目录。

6.2.2 Linux 系统权限表示方法

Linux 系统权限表示方法有两种：一种是字符表示（符号表示）；另一种是数字表示。

例如，rwxr-xr-x 这种权限表示方法为字符表示。但也可以通过数字来表示权限，即将文件的 r、w、x、一权限分别用数字 4、2、1、0 来表示，然后每组把对应的数字相加就可以得到权限的数字表示。文件权限的字符表示和数字表示如表 6-2 所示。

V6-2 Linux 系统
权限表示方法

表 6-2 文件权限的字符表示和数字表示

序号	权限分配	属主权限位			属组权限位			其他用户权限位		
1	权限项	读	写	执行	读	写	执行	读	写	执行
2	字符表示	r	w	x	r	w	x	r	w	x
3	数字表示	4	2	1	4	2	1	4	2	1

文件权限的数字表示基于字符表示（rwx）的权限计算而来，其目的是简化权限的表示。例如，若某个文件的权限为 7，则代表可读、可写、可执行（4+2+1）；若权限为 6，则代表可读、可写（4+2）。来看这样一个例子，现在有这样一个文件，其所有者拥有可读、可写、可执行的权限，其文件所属组拥有可读、可写的权限，而其他人只有可读的权限；那么这个文件的权限就是 rwxrw-r-，用数字表示即为 764。

6.3 项目实施

6.3.1 基本权限控制

新建文件或目录默认的权限，有时候不能满足企业生产需求，这时需要修改文件或者目录的默认权限,在 Linux 系统中,与权限控制相关的基本命令有 3 个,即 chmod 命令、chown 命令和 chgrp 命令。

1. 权限变更

在 Linux 系统中,权限变更可以通过 chmod 命令实现。

功能:改变文件或目录权限。

格式:chmod 【参数】 【{ugoa}{ ± =}{rwx}】文件或目录

常用参数-R,作用是递归修改,改变目录权限的同时,目录下面所有文件的权限都被修改。

"± ="中的+表示增加权限,–表示减少权限,=表示直接指定权限。这种表达方式非常直观,改起权限来也十分方便,一般应用在字符表示中。

【实例1】把/home/test 文件的权限修改为:文件的拥有者有读、写、执行权限,同组用户具有读、写权限,其他用户具有读权限。

(1)字符表示法。

```
[root@ahptc123 ~]# cd /home/      #切换到/home 目录
[root@ahptc123 home]# ls –l test    #查看 test 文件的当前权限
-rw–r––r––. 1 root root 45 11 月 12 09:09  test
[root@ahptc123 home]# chmod  u=rwx, g=rw, o=r  test  #修改 test 文件权限
[root@ahptc123 home]# ls –l  test #查看 test 文件权限是否修改
-rwxrw–r––. 1 root root    45 11 月 12 09:09  test
```

(2)数字表示法。

文件的拥有者有读、写、执行权限,那么文件拥有者的权限用数字表示是读(4)+写(2)+执行(1),即数字 7。同组用户具有读、写权限,那么与文件拥有者在同一个组的用户权限用数字表示是读(4)+写(2)+执行(0),即数字 6。其他用户具有读权限,用数字表示是读(4)+写(0)+执行(0),即数字 4。组合这 3 个数字 764 就是 test 文件需要被修改的最终权限。

```
[root@ahptc123 home]# ls –l  test
-rw–r––r––. 1 root root 45 11 月 12 09:09 test
[root@ahptc123 home]# chmod  764  test
[root@ahptc123 home]# ls –l  test
-rwxrw–r––. 1 root root 45 11 月 12 09:09 test
```

从上面实例可以看出,文件默认的权限是-rw-r--r--,用字符表示(u=rwx、g=rw、o=r)和数字表示(764)都可以实现文件的权限变更,从而实现项目要求的文件拥有者具有读、写、执行权限,同组用户具有读、写权限,其他用户具有读权限。

2. 用户变更

在 Linux 系统中,更改文件的拥有者可以通过 chown 命令实现。

功能:将指定文件的拥有者改为指定的用户或组。

格式:chown [参数] [所有者][:[组]] 文件或目录

常用参数-R，作用是递归修改，改变目录权限的同时，目录下面所有文件的权限都被修改。

【实例2】把/home/test 文件的拥有者修改成 t1 用户。

```
[root@ahptc123 home]# ls -l test
-rwxrw-r--. 1  root  root  45  11 月 12 09:09  test#test 文件的拥有者此时为 root
[root@ahptc123 home]# chown  t1  test  #t1 用户需要提前存在于系统内
[root@ahptc123 home]# ls -l  test
-rwxrw-r--. 1  t1  root  45  11 月  12 09:09  test#test 文件的拥有者此时为 t1
```

【实例3】把/home/test 文件的所属群组改成 adminuser 群组。

```
[root@ahptc123 home]# chown  :adminuser  test
[root@ahptc123 home]# ls -l  test
-rwxrw-r--. 1  t1  adminuser  45  11 月  12 09:09  test
```

上述命令需要注意的是，群组前面有一个冒号，群组必须提前存在于系统内。

【实例4】把/home/test 文件的拥有者修改成 t2 用户，所属群组改成 t2 群组。

```
[root@ahptc123 home]# chown  t2:t2  test
[root@ahptc123 home]# ls -l  test
-rwxrw-r--. 1  t2  t2  45  11 月  12 09:09  test
```

3. 用户组变更

在 Linux 系统中，要更改文件所在组除了可以通过上面介绍的 chown 命令，还可以通过 chgrp 命令实现。与 chown 命令不同，chgrp 命令只能变更用户组。

功能：变更文件所属群组。

格式：chgrp [参数] [组] 文件或目录

常用参数-R，作用是递归修改，改变目录权限的同时，目录下面所有文件的权限都被修改。

【实例5】把/home/test 文件的所属群组改成 adminuser 群组。

```
[root@ahptc123 home]# ls -l test
-rwxrw-r--. 1 t2 t2 45 11 月  12 09:09 test
[root@ahptc123 home]# chgrp adminuser test
[root@ahptc123 home]# ls -l test
-rwxrw-r--. 1 t2  adminuser  45 11 月  12 09:09 test
```

6.3.2 特殊权限控制

在 Linux 系统中，除了前面介绍的读、写和执行 3 种权限外，还有一些文件具有特殊的权限。

```
[root@ahptc123 home]# ls -ld /tmp;ls -l /usr/bin/passwd
drwxrwxrwt. 29 root root 4096 11 月  12 10:57 /tmp
-rwsr-xr-x. 1 root root 27832 6 月   10 2014 /usr/bin/passwd
```

V6-3 特殊
权限控制

从上述结果中，我们可以看到文件还具有 t、s 等权限。这些权限就是文件的特殊权限。在复杂多变的生产环境中，单纯设置文件的 rwx 权限无法满足对安全和灵活性的需求，因此便有了 SUID、SGID 与 SBIT 等特殊权限位，它们的权限值分别是 4、2、1。

1. SUID 位特殊权限

SUID 是一种对二进制程序进行设置的特殊权限，可以让二进制程序的执行者临时拥有属主的权限（仅对拥有执行权限的二进制程序有效）。

SUID 的权限值为 4，执行者对该程序具有 x 权限，本权限仅在执行该程序时有效，执行者将具有该程序拥有者的权限。

给文件赋予 SUID 权限同样有字符和数字两种表示方式。

数字表示：chmod 4xxx test.file（后面 xxx 中任何一个有可执行权限即可）。

字符表示：chmod u+x test.file。

【实例 6】给/home/test 文件赋予 SUID 权限。

修改 SUID 权限的方法有数字表示和字符表示两种。

通过命令赋予 SUID 权限位后，大家注意一下文件拥有者的权限位的变化，从原来的 rwx 变成了 rws。

```
[root@ahptc123 home]# ls -l test
-rwxrw-r--. 1 t2 adminuser 45 11 月  12 09:09 test
[root@ahptc123 home]# chmod 4764 test    #数字表示
[root@ahptc123 home]# ls -l test
-rwsrw-r--. 1 t2 adminuser 45 11 月  12 09:09 test
[root@ahptc123 home]# chmod u+s test     #字符表示
```

2. SGID 位特殊权限

SGID 主要实现如下两种功能。

功能 1：让执行者临时拥有属组的权限（对拥有执行权限的二进制程序进行设置）。

功能 2：在某个目录下创建的文件自动继承该目录的用户组（只可以对目录进行设置）。

SGID 的权限值为 2，执行者对该程序具有 x 权限，执行者将具有该程序群组的权限。

同样，给文件赋予 SGID 权限也有数字表示和字符表示两种方式。

```
[root@ahptc123 home]# ls -l test
-rwsrw-r--. 1 t2 adminuser 45 11 月  12 09:09 test
[root@ahptc123 home]# chmod 2764 test     #数字表示
[root@ahptc123 home]# ls -l test
-rwxrwSr--. 1 t2 adminuser 45 11 月  12 09:09 test
[root@ahptc123 home]# chmod g+s test      #字符表示
```

读者可能会发现，上一个实例是小写的s，这里却出现一个大写的S。这是因为如果原先权限位上没有x执行权限，那么被赋予特殊权限后将变成大写的S。

3. SBIT 位特殊权限

与前面所讲的 SUID 和 SGID 权限显示方法不同，当目录被设置 SBIT 特殊权限位后，文件的其他人权限部分的 x 执行权限就会被替换成 t 或者 T，原本有 x 执行权限则会被写成 t，原本没有 x 执行权限则会被写成 T。

SBIT 的权限值为 1，当文件设置了 SBIT 权限位时，该文件只有 root 用户和文件的拥有者才能删除。

```
[root@ahptc123 home]# chmod 1764 test        #数字表示
[root@ahptc123 home]# ls –l test
-rwxrw-r-T. 1 t2 adminuser 45 11 月  12 09:09 test
[root@ahptc123 home]# chmod o+t test         #字符表示
```

6.3.3　设置隐藏属性

Linux 系统中的文件除了具备一般权限和特殊权限之外，还具备一种隐藏权限，即被隐藏起来的权限。有时候会出现权限充足，却无法删除某个文件，或者仅能在日志文件中追加内容而不能修改或删除内容的情况，这些权限在一定程度上阻止了黑客篡改系统日志，保障了 Linux 系统的安全性。

1.　设置隐藏权限

在 Linux 系统中，设置隐藏权限可以通过 chattr 命令实现。

功能：chattr 命令用于设置文件的隐藏权限。

格式：chattr　[参数]　文件

chattr 命令常见参数及作用如表 6-3 所示。

表 6-3　chattr 命令常见参数及作用

序号	参数	作用
1	a	仅允许补充（追加）内容，无法覆盖/删除内容
2	A	不再修改这个文件或目录的最后访问时间
3	s	彻底从硬盘中删除，不可恢复（用 0 填充原文件所在硬盘区域）
4	S	文件内容在变更后立即同步到硬盘
5	d	使用 dump 命令备份时忽略本文件（目录）
6	D	检查压缩文件中的错误
7	i	无法对文件进行修改。若对目录设置了该参数，则仅能修改其中的子文件内容，而不能新建或删除文件
8	b	不再修改文件或目录的存取时间
9	c	默认将文件或目录进行压缩
10	u	删除该文件后依然保留其在硬盘中的数据，方便日后恢复
11	t	让文件系统支持尾部合并
12	x	可以直接访问压缩文件中的内容

【实例 7】对/home/newFile 文件设置不允许删除与覆盖（+a 参数）权限，检查是否可以删除该文件。

未加隐藏权限前，能够正常删除 newFile 文件。

```
[root@ahptc123 home]# echo "Hello,Centos Linux" > newFile
[root@ahptc123 home]# rm newFile
rm：是否删除普通文件 "newFile"? y
```

加了隐藏权限（+a）后，不能够正常删除 newFile 文件。

```
[root@ahptc123 home]# echo "Hello,Centos Linux" > newFile
[root@ahptc123 home]# chattr +a newFile
[root@ahptc123 home]# rm newFile
rm：是否删除普通文件 "newFile"? y
rm：无法删除"newFile"：不允许的操作
```

2. 显示隐藏权限

在 Linux 系统中，显示隐藏权限可以通过 lsattr 命令实现。ls 命令显示的属性并不包括隐藏属性，如果想要查看隐藏权限，必须使用 lsattr 命令。

功能：显示文件的隐藏权限。

格式：lsattr ［参数］ 文件

```
[root@ahptc123 home]# ls -al newFile
-rw-r--r--. 1 root root 19 11 月 21 16:22 newFile
[root@ahptc123 home]# lsattr newFile
-----a---------- newFile
```

6.3.4 设置 ACL 规则

前面讲解的一般权限、特殊权限和隐藏权限，都是针对某一类用户进行设置的权限。

有时候我们如果希望对某个指定的用户进行单独的权限控制，那应该怎么办呢？这时就需要用到文件访问控制列表（Access Control List，ACL）功能了。

通俗来讲，基于普通文件或目录设置 ACL 规则，其实就是针对指定的用户或用户组设置文件或目录的操作权限。

需要注意的是，如果针对某个目录设置了 ACL 规则，则该目录下的文件会继承其 ACL 规则；若针对某个文件设置了 ACL 规则，则该文件不再继承其所在目录的 ACL 规则。

1. 设置 ACL 规则

在 Linux 系统中，设置 ACL 规则可以通过 setfacl 命令实现。

功能：管理文件的 ACL 规则。

格式：setfacl ［参数］ 文件名称

setfacl 命令常见参数及作用如表 6-4 所示。

表 6-4　setfacl 命令常见参数及作用

序号	参数	作用
1	-m	给文件设置后续 ACL 参数的文件访问控制列表 针对特定用户的方式：setfacl -m u:[用户账户列表]:[rwx] 文件名 针对特定用户组的方式：setfacl -m g:[用户账户列表]:[rwx] 文件名 针对其他用户组的方式：setfacl -m o:[用户账户列表]:[rwx] 文件名
2	-x	对文件删除后续的 ACL 参数 setfacl -x u: [用户账户列表] 文件名
3	-b	删除所有的 ACL 参数

【实例 8】设置用户 t1 对/home/acl_test1 文件有读和写的权限。

```
[root@localhost ~]# touch acl_test1        #创建一个测试文件
[root@localhost ~]# setfacl -m u:t1:rw acl_test1 #单独赋予用户 t1 读写权限
[root@localhost ~]# ls-l acl_test1
-rw-rw-r--+ 1 root root 0 11 月    21 17:12 acl_test1
```

当设置了 ACL 后，我们用 ls-l 命令查看文件的属性，发现在权限栏最后多了一个"+"，这就是刚设置的 ACL 规则。若 u 后面不写具体的用户，则表示设置该文件的属主权限。

2. 显示 ACL 规则

在 Linux 系统中，显示 ACL 规则可以通过 getfacl 命令实现。

功能：查看设置的 ACL 规则。

格式：getfacl 文件名称

【实例 9】显示/home/acl_test1 文件 ACL 规则信息。

```
[root@ahptc123 home]# setfacl -m u:t1:rw acl_test1
[root@ahptc123 home]# getfacl acl_test1
# file: acl_test1
# owner: root
# group: root
user::rw-
user:t1:rw-
group::r--
mask::rw-
other::r--
```

6.4　项目实训

【实训任务】

本实训的主要任务是在 Linux CentOS 7.2 上进一步提升对文件访问权限的控制。

【实训目的】

（1）理解文件属性信息。

（2）掌握使用字符表示修改文件权限的方法。

（3）掌握使用数字表示修改文件权限的方法。

【实训内容】

用户 tom、jack 由于项目需要，临时组队成立了一个新的项目工作组 project，两个用户需要共同拥有/data/share 目录的开发权，且该目录不许其他人进入查询，用户 tom、jack 在/data/share 目录下创建的文件只有他们各自能删除。

（1）新添加组 project，并把用户 tom、jack 加入该工作组。

（2）分别通过字符表示、数字表示设置/data/share 目录普通权限位（rwxrwx---、770）。

（3）分别通过字符表示、数字表示设置/data/share 目录特殊权限位（g+s、o+t、3770）。

（4）用户 tom 在/data/share 目录下新建了一个 newFile.java 文件，使用 chattr 命令设置该文件的隐藏属性，使得仅允许补充该文件内容，而不能删除该文件内容。

（5）用户 jack 在/data/share 目录下新建了一个 admin.java 文件，使用 setfacl 命令设置只有用户 jack 对 admin.java 文件有读和写的权限。

（6）使用 lsattr 命令显示 newFile.java 文件的隐藏属性。

（7）使用 getfacl 命令显示 admin.java 文件的 ACL 规则。

项目练习题

（1）Linux 系统创建目录的默认权限是什么？创建文件的默认权限是什么？

（2）在用户 t1 的默认家目录下，创建并编辑 demo.sh 文件，文件内容如下。

```
#/bin/bash
echo "hello，welcome to you！
```

添加相关权限，使得用户 t1 可以执行该文件。

（3）在/home 目录下创建名为 admins 的子目录，并按以下要求设置权限。

① /home/admins 的所属组为 adminuser。

② 该目录对 adminuser 组的成员可读、可执行、可写，但对其他用户没有任何权限（用户 root 不受限制）。

③ 在/home/admins 目录下所创建的文件的所属组自动被设置为 adminuser。

（4）复制文件/etc/fstab 到/var/tmp 目录下，并按照以下要求设置/var/tmp/fstab 文件的权限。

① 该文件的所属用户为 root，该文件的所属组为 root。

② 该文件对任何用户均没有执行权限。

③ 用户 natasha 对该文件有读和写的权限。

④ 用户 harry 对该文件既不能读也不能写。

⑤ 所有其他用户（包括当前已有用户及未来创建的用户）对该文件都有读的权限。

（5）对 test 文件进行操作，根据作用描述，在空白处填写相应的权限管理命令。

序号	命令	作用
1	字符表示： 数字表示：	权限变更为文件拥有者具有可读、可写、可执行权限，文件所属组用户具有可读、可执行权限，其他用户没有任何权限。
2		文件变更为用户 t1 拥有
3		用户组变更为 admin
4		设置隐藏属性为仅允许补充内容，无法覆盖
5		设置 ACL 规则为只允许 admin 组的用户访问
6		显示隐藏属性
7		显示 ACL 规则

项目7
软件包的安装与管理

07

学习目标

- 了解软件包安装的方法
- 掌握配置YUM仓库文件的方法
- 掌握软件包的管理方法

素质目标

- 激发学生的求真求实意识
- 提升学生的灵活应变能力

7.1 项目描述

小明所在公司需要实现常用软件的快速安装与管理，作为系统管理员，小明决定搭建一个软件仓库，供企业内部员工使用，完成软件的安装、卸载和自动升级。

本项目主要介绍在 Linux 系统中安装软件的常用方法，包括 RPM 包的安装特点与命令、YUM 仓库的创建和软件包的管理命令。

7.2 知识准备

7.2.1 RPM 概述

1. RPM 特点

红帽软件包管理器（RedHat Package Manager，RPM）的功能类似于 Windows 系统里面的"添加/删除程序"，但是功能又比"添加/删除程序"强很多。此工具包最先是由 Red Hat 公司推出的，后来被其他 Linux 系统开发商借用。由于它为 Linux 系统使用者省去了很多时间，所以被广泛应用于在 Linux 系统中安装、删除软件。但是通过 RPM 管理软件的难度非常大，RPM 管理软件的依赖关系严重，在安装、升级、卸载时都需要先处理软件的依赖软件。

2. RPM 命令

使用 RPM 管理软件是通过 RPM 命令来实现的，格式为"rpm 参数 软件包名"。RPM 命令常用的参数及使用如表 7-1 所示。

表 7-1 RPM 命令常用的参数及作用

序号	参数	作用
1	-i	用于安装指定的 RPM 软件包
2	-v	显示详细的信息
3	-h	以"#"显示安装进度
4	-e	删除已安装的 RPM 软件包
5	-U	升级指定的 RPM 软件包
6	-F	更新软件包
7	-q	查询指定的软件包是否安装
8	-qa	查询系统中安装的所有软件包
9	-ql	查询安装软件包所包含的文件列表

7.2.2 YUM 概述

1. YUM 特点

一般来说，一个软件可以由一个独立的 RPM 软件包组成，也可以由多个 RPM 软件包组成。多数情况下，一个软件是由多个相互依赖的软件包组成的，也就是说，安装一个软件需要使用到许多软件包，而大部分的 RPM 软件包相互之间又有依赖关系。例如，安装 A 软件需要 B 软件的支持，而安装 B 软件又需要 C 软件的支持，那么想要安装 A 软件，必须先安装 C 软件，再安装 B 软件，最后才能安装 A 软件。由于使用 RPM 方式安装软件不能解决软件包之间的依赖关系，因此不能安装这种拥有复杂的依赖关系的软件包。那么有没有一种更加简单、更加人性化的软件安装方法呢？答案就是使用 YUM 方式安装软件。

黄狗更新器（Yellow dog Updater Modified，YUM）是一个在 Fedora 和 RedHat 以及 CentOS 中的 shell 前端软件包管理器。YUM 基于 RPM 包管理，能够从指定的服务器自动下载 RPM 软件包并安装，它还可以自动处理依赖关系，一次安装所有依赖的软件包，无须烦琐地一次次下载、安装。

YUM 主要有以下几个特点。

（1）自动解决软件包的依赖性问题，能更方便地添加、删除、更新 RPM 软件包。

（2）便于管理大量系统的更新问题。

（3）可以同时配置多个资源库。

（4）拥有简洁的配置文件（/etc/yum.conf）。

（5）能保持与 RPM 数据库的一致性。

（6）有一个比较详细的 LOG 文件，可以查看何时升级、安装了什么软件包等。

（7）使用方便。

2. YUM 命令

YUM 源配置成功后，就可以使用 YUM 相关命令对软件包进行管理，YUM 常用命令及作用如表 7-2 所示。

表 7-2 YUM 常用命令及作用

序号	命令	作用
1	yum repolist all	列出所有仓库
2	yum list all	列出仓库中所有软件包
3	yum info 软件包名称	查看软件包信息
4	yum install 软件包名称	安装软件包
5	yum update 软件包名称	升级软件包
6	yum remove 软件包名称	移除软件包
7	yum clean all	清除所有仓库缓存
8	yum check-update	检查可更新的软件包

7.2.3 挂载命令与文件

1. 挂载与卸载命令

（1）mount 命令。

V7-1 挂载与
卸载命令

功能：mount 命令（挂载命令）是 Linux 系统下的一个命令，它可以将分区挂接到 Linux 系统的一个文件夹下，从而将分区和该目录联系起来，因此我们只要访问这个文件夹，就相当于访问该分区了。

格式：mount 参数 分区名 挂载点

mount 命令常用参数及作用如表 7-3 所示。

表 7-3 mount 命令常用参数及作用

序号	参数	作用
1	-t	指定文件系统的类型。常用类型如下。 光盘或光盘镜像：ISO9660 DOS FAT16 文件系统：MSDOS Windows 9x FAT32 文件系统：VFAT Windows NT ntfs 文件系统：NTFS Mount Windows 文件网络共享：SMBFS UNIX（Linux）文件网络共享：NFS

续表

序号	参数	作用
2	-o	描述设备的挂接方式。常用的方式如下。 loop：用来把一个文件当成硬盘分区挂接上系统 ro：采用只读方式挂接设备 rw：采用读写方式挂接设备 iocharset：指定访问文件系统所用字符集

（2）umount 命令。

功能：umount 命令（卸载命令）用于卸载文件系统。

格式：umount 分区名 或者 umount 挂载点

```
[root@compute  ~]# umount /mnt/centos7.2    #卸载目标
```

或者

```
[root@compute  ~]# umount /dev/sr0              #卸载源
[root@compute centos7.2]# umount /dev/sr0    #进入挂载点目录卸载，提示错误
umount: /mnt/centos7.2: 目标忙。
```

使用 umount 命令的时候不要进入挂载点目录卸载文件系统，否则会提示目标忙信息，不能正确卸载。

2. 自动挂载文件/etc/fstab

制作本地 YUM 的时候，需要把下载好的镜像导入虚拟机系统，可以通过 mount 命令实现，但是手动挂载 YUM 源，开机重启后会失效。如果每次开机都要手动挂载会很麻烦。那么怎么才能开机就自动把 YUM 源挂载上去呢？如果想要实现开机自动挂载，必须把挂载信息写入/etc/fstab 这个文件中，否则下次开机启动时仍然需要重新挂载。

系统开机时会主动读取/etc/fstab 这个文件中的内容，根据文件里面的配置挂载 YUM 源。这样我们就不需要每次开机启动之后再手动进行挂载了，只需要将磁盘的挂载信息写入这个文件中就可以实现开机自动挂载。

下面来看一下/etc/fstab 文件内容。

```
[root@ahptc123 home]# cat /etc/fstab
# /etc/fstab
# Created by anaconda on Mon Feb 17 17:31:57 2020
# Accessible filesystems, by reference, are maintained under '/dev/disk'
# See man pages fstab(5), findfs(8), mount(8) and/or blkid(8) for more info

①                                ②       ③       ④              ⑤      ⑥
/dev/mapper/centos-root     /        xfs      defaults     0      0
/dev/mapper/centos-swap    swap   swap    defaults     0      0
```

为了方便识别，在文件中已经把每一列都做了标注，可以看到一共有 6 列。

第 1 列是挂载的源，它可以是磁盘设备文件或者 UUID。其中 UUID 是系统为存储设备提供的唯一标识字符串，UUID 的值可以通过命令 blkid 获取。

```
[root@ahptc123 home]# blkid
/dev/sda1:UUID="kkGz-Z2K-SkTL-mc6-cCVE-dlRe-Yunt4"TYPE="LVM2_member"
/dev/sr0:UUID="2019-12-09-23-14-10-00"LABEL="CentOS7" TYPE="iso9660"
/dev/mapper/centos-root:UUID="69b3f0-f848-4e8e-8d46-88e17627"TYPE="xfs"
/dev/mapper/centos-swap:UUID="bc1fb3-5acb-48f1-9b7f-0e81c1"TYPE="swap"
```

第 2 列是设备的挂载点，即要挂载到哪个目录下。

第 3 列是文件系统类型，包括 xfs、ext2、ext3、reiserfs、nfs、vfat 等。

第 4 列是文件系统的参数，常用的参数及作用如表 7-4 所示。

表 7-4　文件系统常用的参数及作用

序号	参数	作用
1	async/sync	是否为同步方式运行，默认为 async
2	auto/noauto	执行 mount –a 命令时，此文件系统是否被主动挂载，默认为 auto
3	rw/ro	是否以只读或者读写模式挂载
4	exec/noexec	是否支持将文件系统上应用程序运行为进程
5	user/nouser	是否允许用户使用 mount 命令挂载
6	suid/nosuid	是否允许 SUID 的存在
7	usrquota	启动文件系统对磁盘配额模式的支持
8	grpquota	启动文件系统对群组磁盘配额模式的支持
9	defaults	同时具有 rw、suid、dev、exec、auto、nouser、async 等默认参数的设置

第 5 列表示是否做 dump 备份。dump 是一个用来做备份的命令，通常这个参数的值为 0 或者 1。其值为 0，表示不要做 dump 备份；其值为 1，代表要每天进行 dump 操作；其值为 2，代表不定日期地进行 dump 操作。

第 6 列表示是否检验扇区。开机的过程中，系统默认会用 fsck 程序检验系统是否完整。本列告诉 fsck 程序以什么顺序检查文件系统，为 0 就表示不检查，（/）分区永远都是 1，其他的分区只能从 2 开始，当数字相同就会同时检查，但不能有两个 1。

3. 挂载和卸载注意事项

（1）根目录（/）是必须挂载的，而且一定要先于其他 mount point 被挂载，因为其他目录都是由根目录（/）衍生出来的。

（2）挂载点必须是已经存在的目录。

（3）挂载点的指定可以任意，但必须遵守必要的系统目录架构原则。

（4）所有挂载点在同一时间只能被挂载一次。

（5）所有分区在同一时间只能挂载一次。

（6）若进行卸载，必须将工作目录退出挂载点（及其子目录）之外。

//// 7.3 项目实施

7.3.1 RPM 方式管理软件

【实例 1】使用 rpm 命令安装 telnet-server 服务。

使用 rpm 命令安装某个软件包时，首先要进入镜像的 Packages 目录。输入命令"rpm -ivh 包名"进行安装，注意包名必须是完整软件包名。

```
[root@compute Packages]# rpm -ivh telnet-server-0.17-59.el7.x86_64.rpm
warning: telnet-server-0.17-59.el7.x86_64.rpm: Header V3 RSA/SHA256 Signature, key ID
f4a80eb5: NOKEY
Preparing...
################################ [100%]
Updating / installing...
    1:telnet-server-1:0.17-59.el7
################################ [100%]
```

【实例 2】查询 telnet-server 服务是否安装。

如果某个软件包已经被安装，则可以输入命令"qpm -qa | grep 软件名"列出已经安装的包名；如果没有安装，则无任何信息显示。

```
[root@compute Packages]# rpm -qa | grep telnet-server    #已经安装成功
telnet-server-0.17-59.el7.x86_64
[root@compute Packages]# rpm -qa | grep http     #无任何信息，没有安装成功
```

【实例 3】卸载 telnet-server 服务。

卸载服务可以通过输入命令"rpm -e 服务名"实现。

```
[root@compute Packages]# rpm -e telnet-server   #卸载 telnet-server 服务
#再次查询 telnet-server 应用程序的安装情况，结果是没有任何信息
[root@compute Packages]# rpm -qa | grep telnet-server
```

7.3.2 YUM 方式管理软件

1. 制作本地 YUM 仓库

制作本地 YUM 仓库通常有以下 6 个步骤，分别是装载镜像、新建挂载点、查看设备名、挂载镜像、编辑 YUM 下载源文件、测试 YUM 源的有效性。下面对这 6 个步骤做详细介绍。

V7-2 YUM
仓库文件

第 1 步：装载镜像。在虚拟机菜单栏中选择"虚拟机"→"设置"选项，打开"虚拟机设置"界面，在"硬件"选项卡中选择"CD/DVD（IDE）"设备，在右侧"连接"选项组中选择"使用 ISO 镜像文件"单选项，单击"添加"按钮把镜像装载进虚拟机软件，如图 7-1 所示。

第 2 步：新建挂载点。把镜像文件挂载到指定目录，挂载外部设备，一般挂载点选择在 /mnt 目录下，可以通过 mkdir 命令创建一个 centos7.2 目录。

```
[root@compute ~]# mkdir /mnt/centos7.2
```

图 7-1　装载镜像入虚拟机

第 3 步：查看设备名。查看一下镜像文件在虚拟机内显示的设备名称，从结果可以看出来，sr0 是镜像文件在虚拟机内显示的设备名称。

```
[root@compute ~]#lsblk
\NAME                MAJ:MIN RM   SIZE RO TYPE MOUNTPOINT
sda                  8:0     0    30G  0 disk
└─sda1               8:1     0 27.4G  0 part
  ├─centos-root 253:0     0 19.5G  0 lvm  /
  └─centos-swap 253:1     0  7.8G  0 lvm  [SWAP]
sdb                  8:16    0    20G  0 disk
└─sdb1               8:17    0    20G  0 part
sr0                  11:0    1     4G  0 rom  /run/media/root/CentOS 7 x86_64
```

第 4 步：挂载镜像。把装载进虚拟机的镜像挂载到刚才新建的挂载点目录下，挂载文件的时候，尽量把分区挂载在空目录下，不要重复挂载分区。

```
[root@compute ~]#mount  /dev/sr0  /mnt/centos7.2  #挂载到指定目录
[root@compute ~]#ls  /mnt/centos7.2/  #显示挂载目录下的内容，即镜像文件内容
```

```
CentOS_BuildTag    LiveOS
EFI                Packages
EULA                repodata
GPL                RPM-GPG-KEY-CentOS-7
images             RPM-GPG-KEY-CentOS-Testing-7
isolinux           TRANS.TBL
```

第 5 步：编辑 YUM 下载源文件。编辑 YUM 下载源文件时，有以下几个注意事项。

（1）YUM 仓库文件的位置必须在/etc/yum.repos.d/目录下。

（2）YUM 仓库文件的名称必须以.repo 结尾。

（3）YUM 仓库文件内容必须顶格写。

（4）一个 YUM 下载源文件可以定义多个 YUM 下载源设置，但必须保证 YUM 下载源标识是唯一的。

常用的 YUM 配置文件参数及作用如表 7-5 所示。

表 7-5　常用的 YUM 配置文件参数及作用

序号	参数	作用
1	[REPOS_ID]	YUM 仓库唯一标识符，避免与其他仓库冲突
2	name	YUM 仓库的名称描述，易于识别仓库用处
3	baseurl	file://指定本地 YUM 源地址
4	enabled	设置此源是否可用，1 为可用，0 为禁用
5	gpgcheck	设置此源是否校验文件，1 为校验，0 为不校验
6	gpgkey	若 gpgcheck=1，则指定公钥文件地址

下面是一个 YUM 下载源的案例。

```
[root@ compute yum.repos.d]# cd /etc/yum.repos.d/
[root@ compute yum.repos.d]# vim /etc/yum.repos.d/local.repo
[local]                              #YUM 标志
name=local yum                       #YUM 名字
baseurl=file:///mnt/centos7.2        #YUM 源的 URL 地址
gpgcheck=0                           #不检查签名
enabled=1                            #YUM 源有效
```

第 6 步：测试 YUM 源的有效性。YUM 源配置好以后，可以通过 yum repolist 命令测试 YUM 源的有效性。

```
[root@ compute yum.repos.d]# yum repolist
已加载插件：fastestmirror, langpacks
local                                        | 3.6 kB    00:00:00
(1/2): local/group_gz                        | 155 kB    00:00:00
(2/2): local/primary_db                      | 2.8 MB    00:00:00
Determining fastest mirrors
```

源标识	源名称	状态
local	local yum	3,723

repolist: 3,723M 源有效

如果 YUM 源配置有错，则会出现 error 提示，例如没有把 name 参数顶格写。

[root@ compute yum.repos.d]# yum repolist
已加载插件：fastestmirror, langpacks
File contains parsing errors: file:///etc/yum.repos.d/local.repo
[line   2]:   name=local yum

2. YUM 方式管理软件

【实例 4】YUM 安装 tree 软件。

[root@ compute yum.repos.d]# yum install tree
已加载插件：fastestmirror, langpacks
Loading mirror speeds from cached hostfile
正在解决依赖关系
--> 正在检查事务
---> 软件包 tree.x86_64.0.1.6.0-10.el7 将被安装
--> 解决依赖关系完成
依赖关系解决

===

Package	架构	版本	源	大小

===

正在安装：
 tree   x86_64   1.6.0-10.el7   local   46 k
事务概要

===

安装   1 软件包
总下载量：46 k
安装大小：87 k
Is this ok [y/d/N]: y
Downloading packages:
Running transaction check
Transaction test succeeded
Running transaction
正在安装:tree-1.6.0-10.el7.x86_64   1/1
验证中 ：tree-1.6.0-10.el7.x86_64   1/1
已安装：
  tree.x86_64 0:1.6.0-10.el7
完毕!

通过命令 yum install tree 安装 tree 程序的时候，需要手动输入一个字母"y"，表示确认安装。因此我们在安装程序的时候，可以写成如下形式。

yum install tree -y

93

【实例 5】YUM 查询软件包是否安装。

```
[root@ compute yum.repos.d]# yum info tree
已加载插件: fastestmirror, langpacks
Loading mirror speeds from cached hostfile
已安装的软件包
名称       : tree
架构       : x86_64
版本       : 1.6.0
发布       : 10.el7
大小       : 87 k
源         : installed
来自源     : local
简介       : File system tree viewer
网址       : http://mama.indstate.edu/users/ice/tree/
协议       : GPLv2+
描述       : The tree utility recursively displays the contents of directories in a
           : tree-like format.   Tree is basically a UNIX port of the DOS tree
           : utility.
```

在上述查询结果中，如果出现"已安装的软件包"，则说明软件已经安装。如果出现的是"可安装的软件包"，则说明该软件没有安装。

【实例 6】YUM 升级软件包。

当软件包 tree 需要升级的时候，我们可以通过命令 yum update 或者 yum upgrade 实现。这里配置的是本地 YUM 源，默认为安装的是最新的软件，所以在更新软件的时候，不会有任何动作。

```
[root@compute  ~]# yum upgrade tree
Loaded plugins: fastestmirror, langpacks
Loading mirror speeds from cached hostfile
No packages marked for update
```

【实例 7】YUM 卸载软件包。

当不需要某个软件包的时候，我们可以通过命令 yum remove 卸载。

```
[root@ahptc123 yum.repos.d]# yum remove -y tree
已加载插件: fastestmirror, langpacks
正在解决依赖关系
--> 正在检查事务
---> 软件包  tree.x86_64.0.1.6.0-10.el7  将被 删除
--> 解决依赖关系完成
依赖关系解决

=========================================================
 Package         架构         版本         源         大小
```

```
==================================================================
正在删除:
 tree          x86_64              1.6.0-10.el7          @local          87 k
事务概要
==================================================================
移除   1 软件包
安装大小：87 k
Downloading packages:
Running transaction check
Running transaction test
Transaction test succeeded
Running transaction、
正在删除:tree-1.6.0-10.el7.x86_64                                1/1
验证中： tree-1.6.0-10.el7.x86_64                                1/1
删除：
  tree.x86_64 0:1.6.0-10.el7
完毕！
```

7.3.3 自动挂载 YUM 源

第 1 步：编辑/etc/fstab 文件，在文件末尾添加图 7-2 所示的代码。

```
# /etc/fstab
# Created by anaconda on Mon Feb 17 17:31:57 2020
#
# Accessible filesystems, by reference, are maintained under '/dev/disk'
# See man pages fstab(5), findfs(8), mount(8) and/or blkid(8) for more info
#
/dev/mapper/centos-root /                    xfs     defaults       0 0
/dev/mapper/centos-swap swap                 swap    defaults       0 0
/dev/sr0                /mnt/iso             iso9660 defaults       0 0
```

图 7-2 自动挂载

第 2 步：重新引导系统。当修改了/etc/fstab 文件后，一定要重新引导系统才会生效。我们也可以使用命令 mount -a 将/etc/fstab 文件的所有内容重新加载，让/etc/fstab 文件及时生效。

```
[root@ahptc123 home]# mount -a
mount: /dev/sr0 写保护，将以只读方式挂载
[root@ahptc123 home]# lsblk
NAME              MAJ:MIN RM   SIZE RO TYPE MOUNTPOINT
sda               8:0      0    30G  0 disk
└─sda1            8:1      0 27.4G  0 part
  ├─centos-root 253:0      0 19.5G  0 lvm  /
  └─centos-swap 253:1      0  7.8G  0 lvm  [SWAP]
sdb               8:16     0    20G  0 disk
└─sdb1            8:17     0    20G  0 part
sr0               11:0     1     4G  0 rom  /mnt/iso
```

7.4 项目实训

【实训任务】

本实训的主要任务是在 LinuxCentOS 7.2 环境下搭建 YUM 仓库，并实现对软件的安装、查询、卸载、YUM 源自动挂载功能。

【实训目的】

（1）了解软件包安装的方法。

（2）掌握配置 YUM 仓库文件的方法。

（3）掌握软件包的管理方法。

【实训内容】

（1）编写本地 YUM 仓库文件。

（2）测试 YUM 仓库文件的有效性。

（3）安装 DHCP 服务、FTP、Web 服务。

（4）查询 DHCP、FTP、Web 软件包信息。

（5）实现自动挂载功能。

（6）删除 telnet-server 服务。

项目练习题

（1）简述使用 RPM 方式与 YUM 方式管理软件的优缺点。

（2）如果想让系统启动后能够自动挂载 YUM 源，该怎么配置？

（3）YUM 仓库文件有哪些重要字段，编写的时候需要注意什么？

（4）根据作用描述，在空白处填写相应的命令。

序号	命令	作用
1		检查 YUM 仓库的有效性
2		列出仓库中所有软件包
3		查看软件包信息
4		安装软件包
5		升级软件包
6		移除软件包
7		清除所有仓库缓存

项目8
存储设备管理

08

学习目标

- 了解存储设备、分区、文件系统、交换空间和逻辑卷基本概念
- 掌握创建存储分区、格式化和设备挂载的实施与管理方法
- 掌握交换空间和逻辑卷的实施与管理方法

素质目标

- 培养爱国情怀和工匠精神
- 培养学生的网络安全意识

8.1　项目描述

小明所在公司近期因线上业务急剧扩张，服务器存储空间数据量增加，已经达到存储上限的70%，需要尽快制定服务器存储扩容方案。小明作为数据中心系统工程师，决定在 Linux 服务器中添加新的磁盘，划分新分区以增加存储空间，并创建交换分区，提高数据交换速率，减轻内存负载压力。为了以后遇到类似情况时，能更加快速、有效地对磁盘空间进行扩容，小明决定通过创建逻辑卷分区实现存储空间在线扩容。

本项目主要介绍存储设备管理方法，读者应理解和掌握使用 fdisk 和 parted 分区工具创建多个存储分区的方法，然后为分区分配文件系统并实现自动挂载，最后实施和管理交换分区以及创建逻辑卷存储和逻辑卷空间在线扩容。通过以上操作，有效地处理和解决工作中涉及的 Linux 服务器存储管理问题。

8.2　知识准备

8.2.1　存储管理概念

计算机有着多样化的外置存储设备，常见的存储设备有光盘、硬盘、SD 卡、U 盘和 SSD 等。

随着科技的发展，新的存储设备不断涌现，它们有着更低的单位能耗，更低的单位存储成本，或者更高的访问性能。不管这些存储设备存储数据的原理怎么变，改变的都是存储质量，而不是它的功能。对操作系统来说，管理它们的方式是非常一致的。这些外置存储设备依据其功能特性不同，可以简单分为顺序读写型、随机只读型和随机读写型 3 类。

顺序读写型的外置存储并不常见，它的主要应用场景是归档，也就是数据备份。随机只读型的外置存储日常有较多应用，常见的应用场景是资料分发和归档。随机读写型的外置存储最为常见，无论是台式计算机、笔记本电脑、手机，还是智能手表、汽车，随处都可见到它们的身影。

硬盘按数据接口不同，可以分为 SATA、SCSI、SAS 和 FC。硬盘数据接口类型及描述如表 8-1 所示。

表 8-1　硬盘数据接口类型及描述

接口类型	描述
SATA	全称 Serial ATA，也就是使用串口的 ATA 接口，特点是抗干扰性强，对数据线的要求比 ATA 低很多，且支持热插拔等功能
SCSI	全称 Small Computer System Interface（小型机系统接口）。经历了多代发展，从早期的 SCSI-II，到目前的 Ultra320 SCSI 以及 Fiber-Channel（光纤通道），接口形式也多种多样。SCSI 传输时 CPU 占用率较低，但是单价也比相同容量的 ATA 及 SATA 硬盘更高
SAS	全称 Serial Attached SCSI，是新一代的 SCSI 技术，可兼容 SATA 硬盘，采取序列式技术以获得更高的传输速率，传输速率可达到 12Gbit/s
FC	全称 Fiber Channel（光纤通道）接口，拥有此接口的硬盘在使用光纤连接时具有可热插拔、高速带宽（普通速度可达 4Gbit/s 或 10Gbit/s）、远程连接等特点；内部传输速率也比普通硬盘更高。但其价格高昂，因此 FC 接口通常只用于高端服务器领域

在 Linux 系统中，对存储设备的低级别访问是由一种被称为"块设备"的特殊类型文件提供的。在挂载这些块设备前，必须使用文件系统对其进行格式化操作。

块设备文件与其他的设备文件一起存储在/dev 目录下。设备文件是由操作系统自动创建的。在 RHEL 中，检测到的第一个 SATA、SAS、SCSI 或 USB 硬盘驱动器被标记为/dev/sda，第二个被标记为/dev/sdb，以此类推。这些名称代表整个硬盘驱动器，其他类型的存储设备有另外的命名方式。磁盘设备命名如表 8-2 所示。

表 8-2　磁盘设备命名

设备类型	设备命名模式
SATA/SAS/USB 附加存储	/dev/sda、/dev/sdb、/dev/sdc
virtio-blk 超虚拟化存储（部分虚拟机）	/dev/vda、/dev/vdb、/dev/vdc
NVMe 附加存储（SSD）	/dev/nvme0、/dev/nvme1、/dev/nvme2

计算机的文件系统是一种存储和组织计算机数据的方法，它使得对计算机的访问和查找变得容易。也就是说，文件系统是一套实现了数据的存储、分级组织、访问和获取等操作的抽象数据

类型。文件系统使用文件和树形目录的抽象逻辑概念代替了硬盘和光盘等物理设备使用数据块的概念，用户使用文件系统来保存数据，不必关心数据实际保存在硬盘（或者光盘）的地址为多少的数据块上，只需要记住这个文件的所属目录和文件名即可。在写入新数据之前，用户不必关心硬盘上的哪个块地址没有被使用，硬盘上的存储空间管理（分配和释放）功能由文件系统自动完成，用户只需要记住数据被写入了哪个文件中即可。

文件系统的种类非常多，它们的设计思路基本相似。大部分现代文件系统都基于日志（journal）来改善文件系统的防灾难能力，基于 B 树或 B+树组织元数据。磁盘文件系统如表 8-3 所示。

表 8-3 磁盘文件系统

文件系统名称	格式制定者	元数据组织	日志
FAT32	Microsoft（微软）公司	FAT	不支持
NTFS	Microsoft（微软）公司	B 树	支持
EXT3/EXT4	Linux 公司，开源	H 树	支持
BTRFS	Oracle（甲骨文）公司	B 树	不支持
XFS	Silicon Graphics（硅图）公司	B+树	支持

8.2.2 MBR 和 GPT 分区方案

使用存储设备时，通常不会将整个存储设备设置为一个文件系统。通常将存储设备划分为更小的区块，称为"分区"。分区用于划分硬盘，不同的部分可以通过不同的文件系统进行格式化或有不同的用途。一个分区可以包含用户主目录，另一个分区则可以包含系统数据和日志。如果用户在主目录分区中填满了数据，系统分区可能依然有可用的空间。

分区本身就是块设备。在 SATA 附加存储中，第一磁盘上的第一个分区是/dev/sda1。第二磁盘上的第三个分区是/dev/sdb3，以此类推。超虚拟化存储设备采用了类似的命名体系。

1. MBR 分区方案

主启动记录（Master Boot Record，MBR）分区方案指定了在运行基本输入/输出系统（Basic Input/Output System，BIOS）固件的系统上如何对磁盘进行分区。此方案支持最多 4 个主分区。

在 Linux 系统上，管理员可以使用扩展分区和逻辑分区来创建最多 15 个分区。由于分区的大小数据以 32 位值存储，使用 MBR 方案分区时，最大磁盘和分区大小为 2TiB。/dev/vdb 存储设备的 MBR 分区如图 8-1 所示。

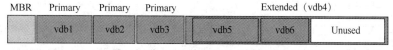

图 8-1 /dev/vdb 存储设备的 MBR 分区

由于目前物理磁盘变得越来越大，而基于 SAN 存储的卷甚至更大，因此针对 MBR 分区方案的 2 TiB 磁盘和分区大小限制已不再是理论限制，而是系统管理员在生产环境中越来越频繁遇到的实际问题。因此，在磁盘分区领域，新的 GUID 分区表方案正在取代传统的 MBR 分区方案。

2. GPT 分区方案

GUID 磁盘分区表（GUID Partition Table，GPT）是统一可扩展固件接口（Unified Extensible Firmware Interface，UEFI）标准的一部分，可以突破原有基于 MBR 的方案所带来的许多限制。对于运行 UEFI 固件的系统，GPT 是在物理硬盘上布置分区表的标准。

GPT 最多可提供 128 个分区，GPT 为逻辑块地址分配 64 位，可支持最多 9.2ZB 的分区和磁盘。

除了可以解决 MBR 分区方案的限制问题以外，GPT 还可以提供一些其他功能特性和优势。GPT 使用 GUID 来识别每个磁盘和分区。与 MBR 存在单一故障点不同，GPT 提供分区表信息的冗余。主 GPT 位于磁盘头部，而备份副本（次 GPT）位于磁盘尾部。GPT 使用校验和来检测 GPT 头和分区表中的错误与损坏。/dev/vdb 存储设备的 GPT 分区如图 8-2 所示。

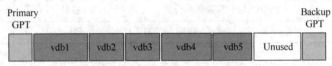

图 8-2　/dev/vdb 存储设备的 GPT 分区

8.2.3　逻辑卷简介

逻辑卷管理（Logical Volume Manager，LVM）可以让系统管理员更加轻松地管理磁盘空间。如果托管逻辑卷的文件系统需要更多空间，可以将其卷组中的可用空间分配给逻辑卷，用户还可以自由调整文件系统的大小。如果磁盘开始出现错误，可以将替换磁盘注册为物理卷放入卷组中，并且逻辑卷的区块还可以迁移到新磁盘。

通过逻辑卷管理，可以实现存储空间的抽象化，还可以在上面建立虚拟分区（Virtual Partition），从而更简便地扩大和缩小分区。增加和删除分区时，无须担心某个硬盘上没有足够的连续空间，解决了因调整分区而不得不移动其他分区的问题。

在使用 LVM 创建逻辑卷分区前，需要了解物理卷、卷组、物理长度和逻辑卷等基本概念。

（1）物理卷（Physical Volume，PV）。在 LVM 系统中使用设备之前，必须将设备初始化为物理卷。使用 LVM 工具可以将物理卷划分为物理区块（Physical Extent，PE），它们是充当物理卷上最小存储块的小块数据。

（2）卷组（Volume Group，VG）。卷组是存储设备的存储池，由一个或多个物理卷组成。它在功能上与基本存储中的整个磁盘相当。一个物理卷只能分配给一个卷组，卷组可以包含未使用的空间和任意数目的逻辑卷。

（3）物理长度（Physical Extent，PE）。物理长度是将物理卷组合为卷组后所划分的最小存储单位，即逻辑意义上磁盘的最小存储单元。逻辑卷管理默认 PE 大小为 4MB。

（4）逻辑卷（Logical Volume，LV）。逻辑卷根据卷组中的空闲物理区块创建，提供应用、用户和操作系统所使用的"存储"设备。LV 是逻辑区块（Logic Extent，LE）的集合，逻辑区块映射到物理区块（物理卷的最小存储块）。默认情况下，每个逻辑区块将映射到一个物理长度。逻辑卷管理架构如图 8-3 所示。

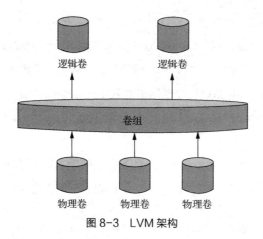

图 8-3　LVM 架构

注意，上面提到的逻辑卷设备的命名形式实际上是建立与实际设备文件的符号链接，以此来访问该文件，其名称在每次启动时可能会有所不同。还有一种逻辑卷设备的命名形式，就是与常用的/dev/mapper 中的文件建立链接，这也是一种与实际设备文件的符号链接。

8.3　项目实施

8.3.1　使用 fdisk 命令管理分区

对于采用 MBR 分区方案的磁盘，可使用 fdisk 命令执行磁盘分区操作。管理员可对磁盘的分区进行创建、删除和更改类型等操作。

（1）指定要创建分区的磁盘设备。

以 root 用户身份执行 fdisk 命令，并指定该磁盘设备名称作为参数。

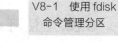

V8-1　使用 fdisk
命令管理分区

```
[root@host ~]# fdisk /dev/vdb
```

（2）创建一个新的主分区或扩展分区。

输入"n"创建一个新分区，并指定该分区是主分区还是扩展分区，默认选择是主分区类型。

```
Partition type:
```

```
   p   primary（0 primary，0 extended，4 free）
   e   extended
Select（default p）：p
```

（3）指定分区编号和分区大小。

分区编号在将来的分区操作中作为磁盘上新分区的标识号使用，默认值是未使用的最小分区编号。

```
Partition number（1-4, default 1）：1
```

（4）指定磁盘上新分区的空间大小。

指定磁盘上新分区的第一个扇区，默认从 2048 扇区开始分区。

```
First sector（2048-20971519, default 2048）：2048
```

指定磁盘上新分区的最后一个扇区，默认值是与新分区第一个扇区相邻的可用且未分配扇区中的最后一个扇区，通过 fdisk 命令可以使用单位 KiB、MiB 或 GiB 指定新分区的大小。

```
Last sector，+sectors or +size{K,M,G}（6144-20971519, default 20971519）：+512M
```

（5）定义分区类型。

如果新创建的分区应具有 Linux 系统以外的类型，使用 t 命令可以更改分区类型。分区类型以十六进制代码表示，如果需要查询，使用 L 命令可以显示所有分区类型的十六进制代码表。

```
Command（m for help）：t
Selected partition 1
Hex code（type L to List all code）：82
Changed type of partition'Linux'to 'Linux swap / Solaris'
```

（6）保存分区表。

使用 w 命令可以保存分区参数并退出 fdisk 命令。

```
Command（m for help）：w
The partition table has been altered!
```

（7）启动内核对新分区表进行重新读取。

运行 partprobe 命令，并将磁盘设备名称作为参数，以强制重新读取其分区表。

```
[root@host~]# partprobe /dev/vdb
```

（8）查看磁盘分区信息。

使用 lsblk 命令可以显示系统中块设备信息以及它们之间的依赖关系，此命令常用于查询磁盘分区信息。

```
[root@host~]# lsblk
```

8.3.2 使用 parted 命令管理分区

V8-2 使用 parted 命令 管理分区

使用 parted 命令，管理员可以对采用 MBR 和 GPT 分区方案的磁盘的分区进行创建、删除和更改类型等操作。

parted 命令将整个磁盘的设备名称作为第一个参数，并且还有一个或多个子命令。以下使用 print 子命令显示/dev/vda 磁盘上的分区表。

```
[root@host ~]# parted /dev/vda print
Model: Virtio Block Device (virtblk) Disk /dev/vda: 53.7GB
Sector size (logical/physical): Partition Table: msdos
Disk Flags:
```

下面以子命令的形式使用 parted 命令创建分区。

```
[root@host  ~]# parted /dev/vdb mkpart usersdata xfs 2048s 1000MB
```

如果不提供子命令，直接使用 parted 命令，会打开用于发出命令的交互式会话，然后选择子命令进行操作。

```
[root@host ~]# parted /dev/vda
GNU Parted 3.2
Using /dev/vda
Welcome to GNU
(parted) print
Model: Virtio Block Device (virtblk) Disk /dev/vda: 53.7GB
Sector size (logical/physical): Partition Table: msdos Disk Flags:
```

默认情况下显示以 10 的幂次方表示的所有空间大小（KB、MB、GB），可以使用 unit 子命令来更改默认设置。其中 s 表示扇区，B 表示字节，MiB、GiB 或 TiB 以 2 的幂次方计算空间大小，MB、GB 或 TB 以 10 的幂次方计算空间大小。

```
[root@host  ~]# parted /dev/vda unit s print
Model: Virtio Block Device (virtblk)
Disk /dev/vda: 104857600s
Sector size (logical/physical): 512B/512B
Partition Table: msdos
Disk Flags:
Number Start End Size Type File system Flags
1 2048s 20971486s 20969439s primary xfs boot
2 20971520s 104857535s 83886016s primary xfs
```

1. 向新磁盘写入分区表

要对新驱动器进行分区，首先需要为其写入磁盘标签，磁盘标签指示了所用的分区方案。使用 parted 命令会使更改立即生效，因此误用此命令会导致数据丢失。

（1）以 root 用户身份，使用以下命令将 MBR 磁盘标签写入磁盘。

```
[root@host  ~]# parted /dev/vdb mklabel msdos
```

（2）以 root 用户身份，使用以下命令将 GPT 磁盘标签写入磁盘。

```
[root@host  ~]# parted /dev/vdb mklabel gpt
```

> **注意** 使用 mklabel 子命令可擦除现有的分区表，仅当想重复使用磁盘而不考虑现有数据时，才应使用 mklabel 子命令。如果新标签更改了分区边界，则现有文件系统中的所有数据都将无法访问。

2. 使用 parted 命令对块设备进行分区

（1）以 root 用户身份执行 parted 命令，并指定该磁盘设备名称作为参数。

```
[root@host ~]# parted /dev/vdb
GNU Parted 3.2
Using /dev/vdb
Welcome to GNU Parted! Type 1 help' to view a list of commands.
(parted)
```

（2）使用 mkpart 子命令创建新分区，并为分区创建名称。

```
(parted) mkpart
Partition name? []? usersdata
```

（3）使用 mkpart 子命令指示要在分区上创建的文件系统类型，注意此子命令并不会在分区上创建文件系统，它仅指示分区类型。

```
File system type? [ext2]? xfs
```

（4）指定磁盘上新分区开始的扇区，新分区的第一个扇区默认从 2048 扇区开始分区。

```
Start? 2048s
```

（5）指定应结束新分区的磁盘扇区，一旦提供了结束位置，parted 即可利用新分区的详细信息来更新磁盘上的分区表。

```
End? 1000MB
```

（6）使用 quit 子命令，退出 parted 命令。

```
(parted) quit
Information: You may need to update /etc/fstab.
[root@host ~]#
```

3. 运行 udevadm settle 命令

运行 udevadm settle 命令会等待系统检测新分区并在/dev 目录下创建关联的设备文件。只有在完成上述操作后，它才会返回。

```
[root@host ~]# udevadm settle
```

4. 删除分区

使用 parted 命令的 rm 子命令，删除磁盘上的分区。删除分区前需要备份分区的数据，以免造成数据丢失。

```
[root@host ~]# parted /dev/vdb
GNU Parted 3.2
Using /dev/vdb
Welcome to GNU Parted! Type 'help1 to view a list of commands.
```

```
(parted)
(parted) print
Model: Virtio Block Device (virtblk)
Disk /dev/vdb: 5369MB
Sector size (logical/physical): 512B/512B
Partition Table: gpt
Disk Flags:
Number Start End Size File system Name Flags
1 1049kB 1000MB 999MB xfs usersdata
(parted) rm 1
(parted) quit
Information: You may need to update /etc/fstab.
```

8.3.3　创建文件系统

创建块设备后，下一步是向其添加文件系统。RHEL、CentOS、Fedora、Ubuntu、Debian 等 Linux 系统的发行版支持许多不同的文件系统类型，其中两种常见的类型是 XFS 和 EXT4。RHEL 的安装程序 Anaconda 默认使用 XFS 文件系统。

以 root 用户身份，使用 mkfs.xfs 命令为块设备应用 XFS 文件系统。也可以使用 mkfs.ext4 命令为块设备应用 EXT4 文件系统。

（1）使用 mkfs.xfs 命令，将/dev/vdb1 分区格式化为 XFS 文件系统。

```
[root@host  ~]# mkfs.ext4 /dev/vdb1
meta-data=/dev/vdb1              isize=512     agcount=4, agsize=32768 blks
         =                       sectsz=512    attr=2, projid32bit=1
         =                       crc=1         finobt=1, sparse=1, rmapbt=0
         =                       reflink=1
data     =                       bsize=4096    blocks=131072, imaxpct=25
         =                       sunit=0       swidth=0 blks
naming   =version 2              bsize=4096    ascii-ci=0, ftype=1
log      =internal log           bsize=4096    blocks=1368, version=2
         =                       sectsz=512    sunit=0 blks, lazy-count=1
realtime =none                   extsz=4096    blocks=0, rtextents=0
```

（2）使用 mkfs.ext4 命令，将/dev/vdb2 分区格式化为 EXT4 文件系统。

```
[root@host  ~]# mkfs.ext4 /dev/vdb2
```

（3）使用 mkfs.vfat 命令，将/dev/vdb2 分区格式化为 VFAT 文件系统。

```
[root@host  ~]# mkfs.vfat /dev/vdb2
```

（4）使用 blkid 命令，查看/dev/vdb2 文件系统类型。

```
[root@host  ~]# blkid
```

```
/dev/vdb2: UUID="a2f8c383-bc71-424c-9005-81e04bb9c278"
BLOCK_SIZE="512" TYPE="vfat" PARTUUID="b365ddf9-01"
```

8.3.4 挂载文件系统

添加完文件系统后，最后一步是将文件系统挂载到目录结构中的目录上。将文件系统挂载到目录层次结构上后，用户空间实用程序可以访问设备上的文件或在设备上写入文件。

1. 手动挂载文件系统

使用 mount 命令将设备手动附加到目录位置（挂载点）。mount 命令的参数包括设备、挂载点和文件系统选项，文件系统选项将自定义文件系统的行为。

```
[root@host  ~]# mount /dev/vdb1 /mnt
```

使用 mount 命令查看当前已挂载的文件系统、挂载点和选项。

```
[root@host  ~]# mount | grep vdb1
/dev/vdb1 on /mnt type xfs (rw,relatime,seclabel,attr2, inode64, noquota)
```

2. 持久挂载文件系统

手动挂载文件系统是一种验证已格式化的设备是否可访问以及是否按预期方式工作的好方法。但是当服务器重启时，系统不会再次将文件系统自动挂载到目录树上，文件系统上的数据将完好无损，但用户却无法访问。

为了确保系统在启动时自动挂载文件系统，需要在/etc/fstab 文件中添加一个条目。此配置文件列出了在系统启动时要挂载的文件系统。

/etc/fstab 是以空格分隔的文件，每行具有 6 个字段。使用 cat 命令查看/etc/fstab 文件，其条目参数和作用如表 8-4 所示。

```
[root@host  ~]# cat /etc/fstab
UUID=a8063676-44dd-409a-b584-68be2c9f5570 / xfs defaults 0 0
UUID=7a20315d-ed8b-4e75-a5b6-24ff9elf9838 /dbdata xfs defaults 0 0
```

表 8-4 /etc/fstab 文件条目参数

字段	作用
UUID=a8063676-44dd-409a-b584-68be2c9f5570	第一个字段用于指定设备，UUID 是用于计算机体系中识别信息数目的一个 128 位标识符，这里使用 UUID 来指定设备。分区创建后，文件系统会在其超级块中创建和存储 UUID；或者使用设备文件，例如/dev/vdb1
/dbdata	第二个字段是目录挂载点，通过它可以访问目录结构中的块设备。挂载点必须存在，如果不存在，请先使用 mkdir 命令进行创建
xfs	第三个字段是文件系统类型，常见的文件系统类型有 XFS、EXT4、EXT3、VFAT 等
defaults	第四个字段是以逗号分隔的、应用于设备的选项列表。defaults 是一组常用选项。Mount(8)man page 帮助文件中还记录了其他可用的选项
0	dump 命令使用第五个字段来备份设备。其他备份应用通常不使用此字段。此处为 1 的话，表示要将整个内容备份；为 0 的话，表示不备份。现在很少用到 dump 命令，在这里一般选 0

续表

字段	作用
0	最后一个字段（fsck 顺序字段）决定了在系统启动时是否运行 fsck 命令，以验证文件系统是否干净。如果这里填 0，则不检查。如果填写大于 0 的数字，则按照数字从小到大依次检查。该字段中的值指示了 fsck 的运行顺序。对于 XFS 文件系统，请将该字段设为 0，因为 XFS 并不使用 fsck 来检查自己的文件系统状态。对于 EXT4 文件系统，如果是根文件系统，请将该字段设为 1；如果是其他 EXT4 文件系统，则将该字段设为 2。这样，fsck 就会先处理根文件系统，然后同步检查不同磁盘上的文件系统，并按顺序检查同一磁盘上的文件系统

> **注意** 这里使用 UUID 来指定设备更为可取，因为块设备标识符在特定情况下可能会变化，当云提供商更改虚拟机的基础存储层或在每次系统启动以不同顺序检测磁盘时，块设备文件名可能会发生改变，但 UUID 在文件系统的超级块中会保持不变。

在/etc/fstab 文件中添加或删除条目时，运行 systemctl daemon-reload 命令或重启服务器，以便让 systemd 注册新配置。

```
[root@host ~]# systemctl daemon-reload
```

使用 lsblk --fs 命令可扫描连接到计算机的块设备并检索文件系统的通用唯一识别码。

```
[root@host ~]# lsblk --fs
```

> **注意** 如果/etc/fstab 文件中存在错误的条目，可能会导致计算机无法启动。如果 mount 命令返回错误，请在重新启动计算机之前纠正该错误。

8.3.5 创建交换分区

（1）创建交换分区。

使用 parted 命令创建 256 MB 分区作为交换分区，将其文件系统类型设置为 linux-swap。

```
[root@host ~]# parted /dev/vdb mkpart myswap linux-swap 1001MB 1257MB
```

（2）运行 udevadm settle 命令。

使用 udevadm settle 命令会等待系统检测新分区并在/dev 中创建关联的设备文件。

```
[root@host ~]# udevadm settle
```

（3）格式化设备。

使用 mkswap 命令向设备应用交换签名。与其他格式化实用程序不同，使用 mkswap 命令会在设备开头写入单个数据块，而将设备的其余部分保留为未格式化，这样内核就可以使用它来存储内存页。

```
[root@host ~]# mkswap /dev/vdb2
Setting up swapspace version 1, size = 244 MiB (255848448 bytes)
```

no label, UUID=39e2667a-9458-42fe-9665-c5c854605881

8.3.6　激活交换分区

可以使用 swapon 命令激活已格式化的交换分区，或者使用 swapon –a 命令来激活 /etc/fstab 文件中列出的所有交换分区。激活交换分区前，使用 free 命令查看当前交换分区信息。

```
[root@host ~]# free
total used free shared buff/cache available
Mem: 1873036 134688 1536436 16748 201912 1576044
Swap: 0 0 0
```

（1）激活交换分区。

使用 swapon 命令，将/dev/vdb2 分区激活为交换分区。

```
[root@host ~]# swapon /dev/vdb2
```

使用 free 命令，可以查看系统中交换分区的变化。

```
[root@host ~]# free
total used free shared buff/cache available
Mem: 1873036 135044 1536040 16748 201952 1575680
Swap: 249852 0 249852
```

（2）停用交换分区。

使用 swapoff 命令可以停用交换分区，如果交换分区具有写入的页面，使用 swapoff 命令会尝试将这些页面移动到其他活动交换分区或将其写回内存中。

```
[root@host ~]# swapoff /dev/vdb2
```

（3）持久激活交换分区。

要想在每次启动时都激活交换分区，需要在/etc/fstab 文件中放置一个条目。基于上面创建的交换分区，/etc/fstab 文件条目参数如表 8-5 所示。下面显示了/etc/fstab 文件中一行挂载条目。

```
UUID=39e2667a-9458-42fe-9665-c5c854605881 swap swap defaults 0 0
```

表 8-5　/etc/fstab 文件条目参数

字段	作用和内容
UUID=39e2667a -9458-42fe-9665 -c5c854605881	第一个字段为 UUID。格式化设备时，mkswap 命令会显示该 UUID。如果丢失了 mkswap 的输出，请使用 lsblk --fs 命令。作为替代方法，也可以在第一个字段中使用设备名称
swap	第二个字段通常为 mount point 保留字段。但是，由于交换设备无法通过目录结构访问，因此该字段取占位符值 swap
swap	第三个字段是文件系统类型。交换分区的文件系统类型是 swap
defaults	第四个字段是选项。这里使用了 defaults 选项。defaults 选项包括挂载选项 auto，它用于在系统启动时自动激活交换分区
0 0	最后两个字段是 dump 标志和 fsck 顺序。交换分区既不需要备份，也不需要检查文件系统，因此应将这些字段设为 0

8.3.7　创建逻辑卷

LVM 提供了一组全面的命令行工具，用于实施和管理 LVM 存储。这些命令行工具可用在脚本中，从而使它们更适于自动化。创建 LVM 存储需要几个步骤：第一步是确定要使用的物理设备，可以使用 parted、gdisk 或 fdisk 命令创建新分区，以便与 LVM 结合使用，在 LVM 分区上，始终将分区类型设置为 Linux LVM；第二步是在组装完一组合适的设备之后，系统将它们初始

V8-3　创建逻辑卷

化为物理卷，以便将它们识别为属于 LVM；第三步是将这些物理卷合并到卷组中。LVM 管理器会创建一个磁盘空间池，最后从卷组中分配逻辑卷分区。

1．创建物理卷

使用 pvcreate 命令可将分区（或其他物理设备）标记为物理卷。可以使用以空格分隔的设备名称作为 pvcreate 命令的参数，同时标记多个设备。

```
[root@host  ~]# pvcreate /dev/vdb2 /dev/vdb1
```

上述命令会将设备/dev/vdb2 和/dev/vdb1 标记为物理卷，这两个物理卷将准备好分配到卷组中。仅当没有空闲的物理卷可以创建或扩展卷组时，才需要创建物理卷。

2．创建卷组

使用 vgcreate 命令可将一个或多个物理卷结合为一个卷组。卷组在功能上与硬盘相当，利用卷组中的可用物理区块池可以创建逻辑卷，vgcreate 命令行由卷组名后跟一个或多个要分配给此卷组的物理卷组成。

```
[root@host  ~]# vgcreate vg01 /dev/vdb2 /dev/vdb1
```

上述命令将创建名为 vg01 的卷组，它的大小是/dev/vdb2 和/dev/vdb1 这两个物理卷的大小之和（以物理区块单位计）。

仅当卷组尚不存在时，才需要创建卷组。可能会出于管理原因创建额外的卷组，用于管理物理卷和逻辑卷的使用。否则，可在需要时扩展现有卷组以容纳新的逻辑卷。

3．创建逻辑卷

使用 lvcreate 命令可根据卷组中的可用物理区块创建新的逻辑卷。lvcreate 命令中至少包含用于设置逻辑卷名称的-n 参数、用于设置逻辑卷大小（以字节为单位）的-L 参数或用于设置逻辑卷大小（以区块数为单位）的-l 参数，以及托管此逻辑卷的卷组的名称。

```
[root@host  ~]# lvcreate -n lv01 -L 700M vg01
```

上述命令会在卷组 vg01 中创建一个名为 lv01、大小为 700MiB 的逻辑卷。针对所请求的大小，如果卷组没有足够数量的可用物理区块，此命令将执行失败。另外请注意，如果大小无法完全匹配，则将四舍五入为物理区块大小的倍数。

可以使用-L 参数来指定大小，它的预期大小单位为字节、兆字节（二进制兆字节，1048576

字节）、吉字节（二进制吉字节）等。也可以使用-l 参数，它的预期大小指定为若干个物理区块。

> **注意** **lvcreate −L 128M 命令将逻辑卷的大小确定为 128MiB，lvcreate −l 128 命令**
>
> **将逻辑卷的大小确定为 128 个区块。字节总数取决于基础物理卷上物理区块的大小。**
>
> **不同的工具将使用传统名称 /dev/vgname/lvname 或内核设备映射程序名**
>
> **/dev/mapper/vgname-lvname 来显示逻辑卷名。**

---

4. 添加文件系统

（1）使用 mkfs 命令在新逻辑卷上创建 XFS 文件系统。

```
[root@host  ~]# mkfs.xfs /dev/vg01/lv01
```

（2）使用 mkfs 命令在新逻辑卷上创建 EXT4 文件系统。

```
[root@host  ~]# mkfs.ext4 /dev/vg01/lv02
```

5. 持久性挂载 LVM 设备

（1）使用 mkdir 命令创建挂载点。

```
[root@host  ~]# mkdir /mnt/data
```

（2）向/etc/fstab 文件添加挂载条目。

```
/dev/vg01/lv01 /mnt/data xfs defaults 1 2
```

（3）运行 mount −a 命令，挂载刚刚在/etc/fstab 文件中添加的条目。

```
[root@host  ~]# mount −a
```

6. 删除逻辑卷

在删除逻辑卷分区前，应将必须保留的所有数据移动到另一个文件系统。删除逻辑卷将会破坏该逻辑卷上存储的所有数据，所以在删除逻辑卷之前，需要备份或移动数据。

（1）使用 umount 命令卸载文件系统，然后删除与该文件系统关联的所有/etc/fstab 条目。

```
[root@host  ~]# umount /mnt/data
```

（2）使用 lvremove DEVICE_NAME 命令删除不再需要的逻辑卷。在删除逻辑卷之前，该命令会提示进行确认。逻辑卷的物理区块会被释放，并可分配给卷组中的现有逻辑卷或新逻辑卷。

```
[root@host  ~]# lvremove /dev/vg01/lv01
```

（3）使用 vgremove VG_NAME 命令删除不再需要的卷组。

```
[root@host  ~]# vgremove vg01
```

（4）使用 pvremove 命令删除不再需要的物理卷。使用空格分隔的物理卷设备列表将同时删除多个物理卷。此命令将从分区（或磁盘）中删除物理卷元数据。分区现已空闲，可重新分配或重新格式化。

```
[root@host  ~]# pvremove /dev/vdb2 /dev/vdb1
```

8.3.8 查看 LVM 状态信息

1. 查看物理卷

使用 pvdisplay 命令可显示有关物理卷的信息，要列出有关所有物理卷的信息，请使用不带参数的命令。要列出有关特定物理卷的信息，请将相应的设备名称传给该命令。pvdisplay 命令的输出信息如表 8-6 所示。

```
[root@host ~]# pvdisplay /dev/vdb1
--- Physical volume ---
PV Name    /dev/vdb1
VG Name    vg01
PV Size    <119.00 GiB / not usable 3.00 MiB
Allocatable   yes (but full)
PE Size    4.00 MiB
Total PE    30463
Free PE    0
Allocated PE    30463
PV UUID    FFrpB8-e2VP-pToT-on6w-ILdP-KuMM-NqIBkZ
```

表 8-6   pvdisplay 命令的输出信息

字段	内容
PV Name	映射到设备名称
VG Name	显示将物理卷分配到的卷组
PV Size	显示物理卷的物理大小，包括任何不可用的空间
PE Size	物理区块大小，它是逻辑卷中可分配的最小空间。它也是计算以物理区块单位报告的任何值（如 Free PE）的大小时的倍数，例如，26 个 PEx4MiB（PE Size）相当于 104 MiB 可用空间。逻辑卷大小将取整为物理区块单位的倍数。LVM 会自动设置物理区块大小，但也可以指定该大小
Free PE	显示有多少物理区块单位可分配给新逻辑卷

2. 查看卷组

使用 vgdisplay 命令可显示有关卷组的信息。要列出有关所有卷组的信息，请使用不带参数的命令。要列出有关特定卷组的信息，请将相应的卷组名称传给该命令。vgdisplay 输出信息如表 8-7 所示。

```
[root@host ~]# vgdisplay vg01
——Volume group ——
VG Name vg01
System ID
Format lvm2
Metadata Areas 2
Metadata Sequence No 2
VG Access read/write
VG Status resizable
```

```
MAX LV 0
Cur LV 1
Open LV 1
Max PV 0
Cur PV 2
Act PV 2
VG Size 1016.00 MiB o
PE Size 4.00 MiB
Total PE 254 o
Alloc PE / Size 175 / 700.00 MiB
Free PE / Size 79 / 316.00 MiB
VG UUID 3snNw3-CF71-CcYG- -Llkl-p6EY-rHEv-xfUSez
```

表 8-7   vgdisplay 输出信息

字段	内容
VG Name	卷组的名称
VG Size	存储池可用于逻辑卷分配的总大小
Total PE	以物理区块单位表示的总大小
Free PE / Size	显示卷组中有多少空闲空间可分配给新逻辑卷或扩展现有逻辑卷
Free PE	显示有多少物理区块单位可分配给新逻辑卷

3. 查看逻辑卷

使用 lvdisplay 命令可显示有关逻辑卷的信息。如果未向命令提供任何参数，则将显示有关所有逻辑卷的信息；如果提供了逻辑卷设备名称作为参数，此命令将显示有关该特定设备的信息。lvdisplay 命令输出信息如表 8-8 所示。

```
[root@host  ~]# lvdisplay /dev/vg01/lv01
——Logical volume ——
LV Path /dev/vg01/lv01
LV Name lv01
VG Name vg01
LV UUID 5lyRea-W8Zw-xLHk-3h2a-luVN-YaeZ-i3IRrN
LV Write Access read/write
LV Size 700.00MiB Current LE 175
```

表 8-8   lvdisplay 命令输出信息

字段	内容
LV Path	显示逻辑卷的设备名称。某些工具可能会将设备名报告为 /dev/mapper/vgname-lvname，两个名称都表示同一逻辑卷
VG Name	显示从其分配逻辑卷的卷组
LV Size	显示逻辑卷的总大小。使用文件系统工具确定可用空间和数据存储的已用空间。Current LE 显示此逻辑卷使用的逻辑区块数。逻辑区块通常映射到卷组中的物理区块，并由此映射到物理卷

8.3.9　扩展逻辑卷

通过添加额外的物理卷来为卷组增加更多磁盘空间，这种做法称为"扩展卷组"，然后还可以从额外的物理卷中为逻辑卷分配新的物理区块。

将未使用的物理卷从卷组中删除，这种做法称为"缩减卷组"。要缩减卷组，应先使用 pvremove 命令将数据从一个物理卷上的区块移动到卷组中其他物理卷上的区块。通过这种方式，可以将新磁盘添加到现有卷组，将数据从较旧或较慢的磁盘移动到新磁盘，并将旧磁盘从卷组中删除。而且可在卷组中的逻辑卷正在使用时执行这些操作。

V8-4　扩展逻辑卷

1．扩展卷组

要扩展卷组，可以执行以下步骤：准备物理设备并创建物理卷，就像创建新卷组一样；如果还没有准备好物理卷，则必须创建新分区并准备好将其用作物理卷。仅当没有空闲的物理卷可以扩展卷组时，才需要创建物理卷。

```
[root@host  ~]# parted -s /dev/vdb mkpart primary 1027M1B 1539MiB
[root@host  ~]# parted -s /dev/vdb set 3 lvm on
[root@host  ~]# pvcreate /dev/vdb3
```

使用 vgextend 命令向卷组中添加新物理卷，使用卷组名称和物理卷设备名称作为 vgextend 命令的参数，此命令会对 vg01 卷组进行扩展，扩展幅度为/dev/vdb3 物理卷的大小。

```
[root@host  ~]# vgextend vg01 /dev/vdb3
```

使用 vgdisplay 命令验证额外的物理区块是否可用。

```
[root@host  ~]# vgdisplay vg01
——Volume group ——
VG Name vg01
...output omitted
Free PE / Size 178 / 712.00 MiB
...output omitted...
```

2．缩减卷组

要缩减卷组，可以执行以下步骤：移动物理区块，使用 pvremove PV_DEVICE_NAME 命令将要删除的物理卷中的所有物理区块都重新放置到卷组中的其他物理卷上。

> **注意**　其他物理卷中必须有足够数量的空闲区块来容纳这些移动内容，仅当卷组中存在足够的空闲区块且所有这些区块都来自其他物理卷时，才能执行此操作。

（1）将物理区块从/dev/vdb3 移动到同一卷组中具有空闲区块的物理卷中。

```
[root@host  ~]# pvremove /dev/vdb3
```

使用 pvremove 命令前，应备份卷组中所有逻辑卷上存储的数据。否则如果操作期间意外断电，可能会使卷组状态不一致，这可能导致卷组中逻辑卷上的数据丢失。

（2）使用 vgreduce VG_NAME PV_DEVICE_NAME 命令从卷组中删除物理卷。

```
[root@host ~]# vgreduce vg01 /dev/vdb3
```

上述命令将从 vg01 卷组中删除/dev/vdb3 物理卷，并可以将其添加到其他卷组。也可以使用 pvremove 命令永久停止将设备用作物理卷。

3. 扩展逻辑卷

逻辑卷的一个优势在于能够在不停机的情况下增加其大小，可将卷组中的空闲物理区块添加到逻辑卷以扩展其容量，然后使用逻辑卷扩展所包含的文件系统。

（1）使用 vgdisplay 命令验证是否有足够的物理区块可供使用。

```
[root@host ~]# vgdisplay vg01
——Volume group ——
VG Name vg01
...output omitted
Free PE / Size 178 / 712.00 MiB
...output omitted...
```

检查输出信息中的 Free PE/Size。验证卷组中是否有足够的空闲空间可用于逻辑卷扩展。如果可用空间不足，则扩展对应的卷组。

（2）扩展逻辑卷，使用 lvextend LV_DEVICE_NAME 命令将逻辑卷扩展为新的大小。

```
[root@host ~]# lvextend –L +300M /dev/vg01/lv01
```

此命令会将逻辑卷 lv01 的大小增加 300 MiB。请注意数值前面的加号（+），它表示向现有大小增加此值；如无该符号，则该值定义逻辑卷的最终大小。

和 lvcreate 命令一样，存在不同的方法来指定大小：–l 参数预期以物理区块数作为参数，–L 参数则预期以大小（单位为字节、兆字节、吉字节等）作为参数。

（3）扩展逻辑卷，使用 lvextend –l+extents /dev/vgname/lvname 命令对逻辑卷/dev/vgname/lvname 进行扩展，扩展的幅度为 extents 值。

```
[root@host ~]# lvextend –l +extents /dev/vgname/lvname
```

4. 扩展 XFS 文件系统

使用 xfs_growfs mountpoint 命令可以扩展文件系统以占用已扩展的逻辑卷。使用 xfs_growfs 命令时，必须挂载目标文件系统。在调整文件系统大小时，可以继续使用该文件系统。

（1）扩展/mnt/data 挂载点文件系统。

```
[root@host ~]# xfs_growfs /mnt/data
```

（2）验证已挂载文件系统的新大小。

```
[root@host ~]# df -TH
```

（3）使用 vgdisplay VGNAME 命令验证卷组中是否有足够数量的物理区块可供使用。

```
[root@host ~]# vgdisplay vg01
```

5. 扩展 EXT4 文件系统

使用 resize2fs /dev/vgname/lvname 命令可以扩展文件系统以占用新扩展的逻辑卷。运行扩展命令时，可以挂载并使用文件系统。可以包含-p 参数以监控调整大小操作的进度。

```
[root@host ~]# resize2fs /dev/vg01/lv01
```

> **注意** xfs_growfs 与 resize2fs 命令之间的主要区别是为识别文件系统而传递的参数不同，xfs_growfs 采用挂载点，而 resize2fs 采用逻辑卷名称。

6. 持久挂载文件系统

为了确保系统在启动时自动挂载文件系统，可以在/etc/fstab 文件中添加一个条目。此配置文件列出了在系统启动时要挂载的文件系统。

/etc/fstab 是以空格分隔的文件，每行具有 6 个字段。

```
[root@host ~]# cat /etc/fstab
UUID=a8063676-44dd-409a-b584-68be2c9f5570 / xfs defaults 0 0
UUID=7a20315d-ed8b-4e75-a5b6-24ff9elf9838 /dbdata xfs defaults 0 0
```

在/etc/fstab 文件中添加或删除条目时，运行 systemctl daemon-reload 命令或重启服务器，以便让 systemd 注册新配置。

```
[root@host ~]# systemctl daemon-reload
```

7. 检查挂载信息

使用 df 命令可以获取本地和远程文件系统设备及可用空间大小信息。不带参数运行 df 命令时，它会报告所有已挂载的普通文件系统的总磁盘空间、已用磁盘空间、可用磁盘空间，以及已用磁盘空间占总磁盘空间的百分比。同时，它会报告本地和远程文件系统。

```
[user@host ~]$ df
Filesystem IK-blocks Used Available Use% Mounted on
devtmpfs 912584 0 912584 0% /dev
tmpfs 936516 0 936516 0% /dev/shm
tmpfs 936516 16812 919704 2% /run
tmpfs 936516 0 936516 0% /sys/fs/cgroup
/dev/vda3 8377344 1411332 6966012 17% /
/dev/vda1 1038336 169896 868440 17% /boot
tmpfs 187300 0 187300 0% /run/user/1000
```

host 系统上的分区显示了两个物理文件系统，它们分别挂载于/和/boot。这对虚拟机而言很常见。tmpfs 和 devtmpfs 设备是系统内存中的文件系统。在系统重启后，写入 tmpfs 或 devtmpfs 的文件都会消失。

若要改善输出大小的可读性，可以使用两个不同的用户可读参数—— -h 和-H。这两个参数的区别在于，使用-h 时报告单位是 KiB（2^10）、MiB（2^20）或 GiB（2^30）；而使用-H 时报告单位是 SI 单位，即 KB（10^3）、MB（10^6）或 GB（10^9）。硬盘驱动器制造商在介绍其产品时通常使用 SI 单位。

（1）显示有关 host 系统上文件系统的报告，并将所有单位转换为用户可读的格式。

```
[user@host ~]$ df -h
Filesystem Size Used Avail Use% Mounted on
devtmpfs 892M 0 892M 0% /dev
tmpfs 915M 0 915M 0% /dev/shm
tmpfs 915M 17M 899M 2% /run
tmpfs 915M 0 915M 0% /sys/fs/cgroup
/dev/vda3 8.0G 1.4G 6.7G 17% /
/dev/vda1 1014M 166M 849M 17% /boot
tmpfs 183M 0 183M 0% /run/user/1000
```

如需显示有关某一特定目录树使用的空间的详细信息，可以使用 du 命令。du 命令同样具有-h 和-H 参数，可以将输出转换为可读的格式。du 命令以递归方式显示当前目录树中所有文件的大小。

（2）显示 host 上/usr/share 目录的磁盘使用信息。

```
[root@host ~]# du /usr/share
...output omitted...
176 /usr/share/smartmontools
184 /usr/share/nano
8 /usr/share/cmake/bash-completion
8 /usr/share/cmake
356676 /usr/share
```

（3）以可读的格式显示 host 主机上/usr/share 目录的磁盘使用报告。

```
[root@host ~]# du -h /var/log
... output omitted...
176K /usr/share/smartmontools
184K /usr/share/nano
8.0K /usr/share/cmake/bash-completion
8.0K /usr/share/cmake
369M /usr/share
```

8.4 项目实训

【实训任务】

本实训的主要任务是在存储设备上创建分区，分配相应的文件系统，将分区设备配置为自动挂载；创建交换分区，以弥补内存空间的不足；创建逻辑卷分区，实现存储空间灵活扩展。

【实训目的】

（1）理解块设备的定义、文件系统的基本概念。

（2）掌握创建存储分区并将其格式化为相应的文件系统和持久挂载的方法。

（3）掌握创建和管理交换空间以补充物理内存的方法。

（4）在多个存储设备上分配空间，使用 LVM 创建灵活的存储。

【实训内容】

（1）使用 lsblk 命令查询系统的存储设备信息。

（2）使用 mount 命令手动挂载文件系统。

（3）使用 fdisk 和 parted 命令在采用 MBR 或 GPT 分区方案的磁盘上管理分区。

（4）使用 mkfs.xfs 命令在磁盘分区上创建 XFS 文件系统。

（5）将磁盘分区挂载条目添加到/etc/fstab 文件，实现持久挂载。

（6）使用 mkswap 命令初始化交换分区。

（7）使用 LVM 管理命令对物理卷、卷组和逻辑卷进行管理，为卷组增加存储空间，以实现动态扩展逻辑卷。

////// 项目练习题

（1）在服务器上有新的磁盘可用，在第一个新磁盘上创建一个名为 backup 的 2GB GPT 分区，为该分区分配 XFS 文件系统类型，将 2GB 分区格式化为 XFS 文件系统并持久挂载于/backup。

（2）在同一个新磁盘上创建两个 512 MB（介于 460MB 和 564MB 之间的大小都是可以接受的）GPT 分区，分别命名为 swap1 和 swap2。为这两个分区设置正确的文件系统类型，以托管交换分区。

（3）将两个 512 MiB 分区初始化为交换分区，并将它们配置为在启动时激活。将 swap2 分区上的交换分区设置为优先于另一个交换分区。

（4）重启服务器，检查系统是否自动将第一个分区挂载于/backup。同时，检查系统是否激活了 swap1 和 swap2 两个交换分区。

（5）在/dev/vdb 上创建一个 512MiB 分区，将其初始化为物理卷，然后使用它来扩展 serverb_01_vg 卷组。将 serverb_01_lv 逻辑卷扩展到 768MiB，包括文件系统。在现有卷组中，创建一个名为 serverb_02_lv 且大小为 128MiB 的新逻辑卷。添加 XFS 文件系统，并将其永久挂载于/storage/data2。

项目9
防火墙配置与管理

09

学习目标

- 了解Linux系统firewalld防火墙基本概念
- 掌握使用firewall-cmd管理防火墙的规则
- 掌握firewalld防火墙富规则管理方法

素质目标

- 提升学生的灵活应变能力
- 搭建学生的结构化知识体系

9.1 项目描述

小明所在公司进行系统安全等级保护测试，测试结果表明，公司网络和服务器需要进行系统安全加固。小明作为数据中心系统工程师制订了安全加固方案，利用系统防火墙工具和服务来保护企业内部网络免受外网的威胁和入侵，并实现对内网用户的访问控制。

本项目主要介绍系统防火墙特点和基本概念，使用 Linux 系统防火墙 firewalld 管理防火墙的规则，如何限制网络服务的访问权限，如何配置网络服务端口和 IP 地址网络权限，解决公司网络和服务器的安全问题。

9.2 知识准备

9.2.1 防火墙分类

防火墙是部署在网络边界上的一种安全系统，其概念比较宽泛，根据需求的不同，它可以工作在开放式系统互联（Open System Interconnection，OSI）网络模型的一层或多层上。一般情况，防火墙会和路由器搭配使用，或者说路由器能够承担部分防火墙的功能，从而对网络进行隔离。

根据实现方式和功能的不同，防火墙可以分为 3 种类型：包过滤防火墙、应用网关防火墙和状态检测防火墙。不同的防火墙在性能和防护能力上有各自的特点，适用于不同的场合。防火墙分类如图 9-1 所示。

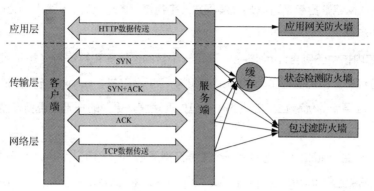

图 9-1　防火墙分类

包过滤防火墙工作在网络层和传输层上。在这两个层级中，网络请求都是以 TCP 或者 UDP 数据包的形式进行流动的。因此，包过滤防火墙是通过检测并拦截所有流经防火墙的 TCP 和 UDP 数据包来对系统提供保护的。它能够获取到的信息包括：源 IP 和端口、目标 IP 和端口、协议号等。由于大部分的路由器甚至 Linux 系统本身也具备类似的功能，因此，通常情况下，客户不需要采购额外的设备来部署包过滤防火墙，只需要直接对网络边界的路由器进行设置，就能够满足最基本的拦截需求了。

应用网关防火墙以代理的模式工作在应用层。所谓"代理"，即接收客户端发出的请求，然后以客户端的身份将请求再发往服务端。大部分的系统和应用都是工作在应用层的，因此，应用网关防火墙能够获取到系统和应用的全部信息，从而实现更复杂的功能，例如内容监控、认证、协议限制甚至缓存。

状态检测防火墙是包过滤防火墙的一种升级，它同样工作在网络层和传输层上。状态检测防火墙和包过滤防火墙最大的不同在于，它会以连接的形式来"看待"低层级的 TCP 和 UDP 数据包。对比应用网关防火墙，状态检测防火墙通常不会尝试将数据包构建成高层级的数据，也就是说它不会尝试去解析整个 HTTP 请求中的内容，因此状态检测防火墙能获得更优的性能。目前市面上普遍采用的都是状态检测防火墙。

9.2.2　Linux 防火墙简介

Linux 系统内核中包含 netfilter，它是网络流量操作（如数据包过滤、网络地址转换和端口转换）的框架。通过在内核中实现拦截函数调用和消息的处理程序，netfilter 允许其他内核模块直接与内核的网络堆栈进行接口连接。

防火墙软件使用这些 Hook（挂钩，指通过拦截软件模块间的函数调用、消息传递、事件传递来修改或扩展操作系统、应用程序或其他软件的行为的各种技术）来注册过滤规则和数据包修改功能，以便对经过网络堆栈的每个数据包进行处理。在到达用户空间组件或应用之前，任何传入、传出或转发的网络数据包都可以通过编程方式来检查、修改、丢弃或路由。netfilter 是 RHEL 8 防火墙的主要组件。

Linux 系统内核中还包含 nftables，这是一个新的过滤器和数据包分类子系统，其增强了 netfilter 的部分代码，但仍保留了 netfilter 的架构，如网络堆栈 Hook、连接跟踪系统及日志记录功能。nftables 更新的优势在于更快的数据包处理速度、更快的规则集更新速度，以及以相同的规则同时处理 IPv4 和 IPv6。

nftables 与原始 netfilter 之间的另一个主要区别是它们的接口。netfilter 通过多个实用程序框架进行配置，其中包括 iptables、ip6tables、arptables 和 ebtables，这些框架现在已在 RHEL 8 和 CentOS 8 中启用。nftables 则使用单个 nft 用户空间使用程序，通过一个接口来管理所有协议，由此解决了以往不同全段和多个 netfileter 接口引起的争用问题。Linux 系统防火墙架构如图 9-2 所示。

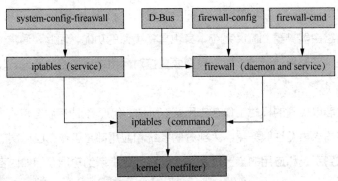

图 9-2　Linux 系统防火墙架构

Linux 系统内核包含一个强大的网络过滤子系统——netfilter。netfilter 子系统允许内核模块对遍历的每个数据包进行检查。在任何传入、传出或转发的网络数据包到达用户空间中的组件之前，都可以通过编程方式检查、修改、丢弃或拒绝这些数据包。netfilter 是 RHEL 7 系统构建防火墙的主要模块。

9.2.3　firewalld 防火墙简介

RHEL 7 引入了一种与 netfilter 交互的新方法——firewalld。firewalld 是一个可以配置和监控系统防火墙规则的系统守护进程。应用可以通过 DBus 消息系统与 firewalld 通信以请求打开端口，而且此功能可以禁用或锁定。该守护进程不仅涵盖 IPv4、IPv6，还可能涵盖 ebtables 设置。

V9-1　firewalld
防火墙简介

firewalld 守护进程从 firewalld 软件包安装，此软件包属于基本安装的一部分，不属于最小化安装的一部分。

firewalld 将所有网络流量分为多个区域，从而简化防火墙管理。根据数据包源 IP 地址或传入网络接口等条件，流量将传入相应区域的防火墙规则。每个区域都可以具有自己的要打开或关闭的端口。

firewalld 配置文件存储在两个位置：/etc/firewalld 和/usr/lib/firewalld。如果名称相同的配置文件同时存储在两个位置，则将使用/etc/firewalld 中的版本。这允许管理员覆盖默认区域和设置，而不必担心其更改被软件包更新所擦除。

firewalld 服务对防火墙策略的配置默认是当前生效模式（RunTime），因此配置信息会随着计算机重启而失效。如果想要让配置的策略一直存在，那就要使用永久生效模式（Permanent），即在命令中加入 permanent 参数。

但对永久生效模式设置的策略需要重启后才能生效，如果想让配置的策略立即生效，手动执行一下添加 reload 参数后的命令。

1. 预定义区域

通过将网络划分成不同的区域，制定出不同区域之间的访问控制策略来控制不同程序区域间传送的数据流。例如，互联网是不可信任的区域，而内部网络是高度信任的区域。网络安全模型可以在安装、初次启动和首次建立网络连接时选择初始化。该模型描述了主机所连接的整个网络环境的可信级别，并定义了新连接的处理方式。系统防火墙初始化区域及功能如表 9-1 所示。

表 9-1　系统防火墙初始化区域及功能

区域	功能
阻塞区域（block）	任何传入的网络数据包都将被阻止
工作区域（work）	信任网络上的其他计算机，不会损害你的计算机
家庭区域（home）	信任网络上的其他计算机，不会损害你的计算机
公共区域（public）	不信任网络上的任何计算机，只选择接受传入的网络连接。firewalld 的默认区域是 public
隔离区域（DMZ）	隔离区域是在内外网络之间增加的一层网络，起到缓冲作用。对于隔离区域，只选择接受传入的网络连接
信任区域（trusted）	所有的网络连接都可以接受
丢弃区域（drop）	任何传入的网络连接都被拒绝
内部区域（internal）	信任网络上的其他计算机，不会损害你的计算机。只选择接受传入的网络连接
外部区域（external）	不信任网络上的其他计算机，不会损害你的计算机。只选择接受传入的网络连接

firewalld 会随附一些预定义区域，这些区域适用于多种用途。默认区域为 public，如果不进行更改，将为接口分配 public。lo 接口被视为在 trusted 区域中。

2. firewalld 防火墙配置

操作系统管理员可以通过 3 种方式与 firewalld 交互，第一种方式是直接编辑/etc/firewalld

中的配置文件，第二种方式是使用 firewall-config 图形化工具，第三种方式是使用 firewall-cmd 命令行工具。

使用 firewall-cmd 命令时，只是在运行时生效，若要重新启动或重新加载 firewalld 服务单元后永久生效，需要指定 permanent 参数。firewall-cmd 命令参数及作用如表 9-2 所示。

表 9-2　firewall-cmd 命令参数及作用

参数	作用
--set-default-zone=<区域名称>	设置默认的区域，使其永久生效
--get-zones	显示可用的区域
--get-services	显示预先定义的服务
--get-active-zones	显示当前正在使用的区域与网卡名称
--add-source=	将源自此 IP 或子网的流量导向指定的区域
--remove-source=	不再将源自此 IP 或子网的流量导向某个指定区域
--add-interface=<网卡名称>	将源自该网卡的所有流量都导向某个指定区域
--change-interface=<网卡名称>	将某个网卡与区域进行关联
--list-all	显示当前区域的网卡配置参数、资源、端口以及服务等信息
--list-all-zones	显示所有区域的网卡配置参数、资源、端口以及服务等信息
--add-service=<服务名>	设置默认区域允许该服务的流量
--add-port=<端口号/协议>	设置默认区域允许该端口的流量
--remove-service=<服务名>	设置默认区域不再允许该服务的流量
--remove-port=<端口号/协议>	设置默认区域不再允许该端口的流量
--reload	让"永久生效"的配置规则立即生效，并覆盖当前的配置规则

3. 预定义服务

firewalld 上有一些预定义服务，这些预定义服务可帮助你识别要配置的特定网络服务。例如，可指定预构建的 SSH 服务来配置正确的端口和协议，而无须研究 SSH 服务的相关端口。初始防火墙区域配置中使用的预定义服务如表 9-3 所示。

表 9-3　初始防火墙区域配置中使用的预定义服务

服务名称	配置内容
SSH	本地 SSH 服务器。到 22/tcp 的流量
dhcpv6-client	本地 DHCPv6 客户端。到 fe80::/64 IPv6 网络中 546/udp 的流量
ipp-client	本地 IPP 打印。到 631/udp 的流量
samba-client	本地 Windows 文件和打印共享客户端。到 137/udp 和 138/udp 的流量
mDNS	多播 DNS（mDNS）本地链路名称解析。到 5353/udp 指向 224.0.0.251（IPv4）或 ff02::fb（IPv6）多播地址的流量

4. 管理富规则

firewalld 富规则为管理员提供了一种表达性语言,通过这种语言可表达 firewalld 的基本语法中未涵盖的自定义防火墙规则;支持配置更复杂的防火墙配置。规则中几乎每个单一元素都能够以 optionvalue 形式来采用附加参数。富规则参数如表 9-4 所示。

富规则基本语法:

```
rule
[source]
[destination]
service|port|protocol|icmp-block|masquerade|forward-port
[log]
[audit]
[accept|reject|drop]
```

表 9-4　富规则参数

参数	内容
--add-rich-rule='<RULE>'	向指定区域中添加<RULE>,如果未指定区域,则向默认区域中添加
--remove-rich-rule='<RULE>'	从指定区域中删除<RULE>,如果未指定区域,则从默认区域中删除
--query-rich-rule='<RULE>'	查询指定区域中删除的<RULE>,如果未指定区域,则从默认区域中查询
--list-rich-rules	输出指定区域的所有富规则,如果未指定区域,则从默认区域富规则端口转发

5. 端口转发

firewalld 支持两种类型的网络地址转换(Network Address Translation,NAT):伪装和端口转发。可以在基本级别使用常规 firewall-cmd 规则来同时配置两种网络地址转换,更高级的转发配置可以使用富规则来完成。这两种形式的 NAT 会在发送包之前修改包的某些内容,经常修改的内容包括源地址、目标地址、端口等参数。

第一种 NAT 形式是伪装,通过伪装,系统会将非直接寻址到自身的包转发到指定接收方,同时将通过的包的源地址更改为其自己的公共 IP 地址。防火墙对这些传入的包应答时,会将目标地址修改为原始主机的地址并发送包。伪装只能与 IPv4 一起使用,不能与 IPv6 一起使用。

第二种 NAT 形式是端口转发,通过端口转发,指向单个端口的流量将转发到相同计算机上的不同端口,或者转发到不同计算机上的端口。此机制通常用于将某个服务器"隐藏"在另一个计算机后面,或者用于在备用端口上提供对服务的访问权限。常见配置是将端口从防火墙计算机转发到防火墙后面伪装的计算机。

9.2.4　SELinux 简介

1. SELinux 基本概念

安全增强式 Linux(Security Enhanced Linux,SELinux)是一个 Linux 操作系统内核的

安全模块，已经被添加到各种 Linux 操作系统发行版中。SELinux 的主要目标是防止已遭泄露的系统服务访问用户数据，大多数 Linux 操作系统管理员都熟悉标准的用户/组/其他权限安全模型。这种基于用户和组的模型称为"自由决定的访问控制"（Discretionary Access Control，DAC）。SELinux 提供另一层安全，它基于对象并由更加复杂的规则控制，称为"强制访问控制"（Mandatory Access Control，MAC）。

作为最初 SELinux 的主要开发者，美国国家安全局于 2000 年 12 月 22 日基于 GNU 通用公共许可证发行了第一版 SELinux，并将其给予开放源代码开发社区。SELinux 随后被集成进了 Linux 操作系统内核 2.6.0-test3 版本的主分支，并在 2003 年 8 月 8 日发布。使用 SELinux 后，系统中的文件、目录、设备甚至端口都作为对象，所有的进程与文件都被标记为一种类型，类型定义了进程的操作域，同时也定义了文件的类型。

例如，Web 服务器守护进程 httpd 正在监听某一端口上所发生的事情，而后进来了一个请求查看主页的来自 Web 浏览器的简单请求。由于不会受到 SELinux 的约束，httpd 守护进程听到请求后，可以完成以下事情。

- 根据相关的所有者和所属组的 rwx 权限，访问任何文件或目录。
- 完成存在安全隐患的活动，允许上传文件或更改系统显示。
- 监听任何端口的传入请求。

但在一个受 SELinux 约束的系统上，httpd 守护进程受到了更加严格的控制。仍然使用上面的示例，httpd 仅能监听 SELinux 允许其监听的端口。SELinux 还可以防止 httpd 访问任何没有正确设置安全上下文的文件，并拒绝没有在 SELinux 中显式启用的不安全活动。因此，从本质上讲，SELinux 最大程度上限制了 Linux 操作系统中的恶意代码活动。

2. SELinux 上下文

SELinux 是用于确定哪个进程可以访问哪些文件、目录和端口的一组安全规则。每个文件、进程、目录和端口都具有专门的安全标签，称为"SELinux 上下文"。上下文是一个名称，SELinux 策略使用它来确定某个进程能否访问文件、目录或端口。除非显式规则授予访问权限，否则，在默认情况下，策略不允许进行任何交互。如果没有允许规则，则不允许访问。

SELinux 标签具有多种上下文：用户、角色、类型和敏感度。目标策略会根据第三个上下文（即类型上下文）来制定自己的规则。类型上下文名称通常以_t 结尾。

SELinux 管理过程中，进程是否可以正确地访问文件资源，取决于它们的安全上下文。进程和文件都有自己的安全上下文，SELinux 会为进程和文件添加安全信息标签，例如，SELinux 用户、角色、类型、类别等，当运行 SELinux 后，所有这些信息都将作为访问控制的依据。

3. SELinux 端口标记

SELinux 不仅进行文件和进程标记，还严格实施网络流量规则。SELinux 用来控制网络流量的一种方法是标记网络端口。例如，在 targeted 策略中，端口 22/tcp 具有标签 ssh_port_t

与其相关联。

当某个进程系统侦听端口时，SELinux 将检查是否允许与该进程（域）相关联的标签绑定该端口标签。这可以阻止恶意服务控制本应由其他合法网络服务使用的端口。

9.3　项目实施

9.3.1　firewalld 防火墙管理

（1）查询系统当前防火墙信息。

```
[root@server ~]# firewall-cmd --list-all
```

（2）查询预定义 firewalld 服务。

```
[root@server ~]# firewall-cmd --get-services
```

（3）查看系统存在的防火墙区域。

```
[root@server ~]# # firewall-cmd --get-zones
block dmz drop external home internal public trusted work
```

（4）查看 firewalld 服务当前所使用的区域。

```
[root@server ~]# firewall-cmd --get-default-zone
public
```

（5）将 firewalld 防火墙服务的当前默认区域设置为 public。

```
[root@server ~]# firewall-cmd --set-default-zone=public
success
[root@server ~]# firewall-cmd --get-default-zone
public
[root@server ~]# firewall-cmd --get-active-zones
[root@server ~]# firewall-cmd --get-active-zones
public
interfaces: eno16777736
```

（6）查询 eno16777728 网卡在 firewalld 服务中的区域。

```
[root@server ~]# firewall-cmd --get-zone-of-interface=eno16777728
public
```

（7）将 firewalld 防火墙服务中 eno16777736 网卡的默认区域修改为 external。

```
[root@server ~]# firewall-cmd --permanent --zone=external
--change-interface=eno16777736
The interface is under control of NetworkManager, setting zone to 'external'.
success
[root@server ~]# firewall-cmd --get-zone-of-interface=eno16777736
external
```

（8）查询在 public 区域中的 ssh 与 https 服务请求是否被允许。

```
[root@server ~]# firewall-cmd --zone=public --query-service=ssh
yes
[root@server ~]# firewall-cmd --zone=public --query-service=https
no
```

（9）将 firewalld 防火墙服务中 https 服务的请求流量设置为永久允许。

```
[root@server ~]# firewall-cmd --permanent --zone=public --add-service=https
success
[root@server ~]# firewall-cmd --reload
success
```

（10）将 firewalld 防火墙服务中 8899/tcp 端口的请求流量设置为允许放行。

```
[root@server ~]# firewall-cmd --zone=public --permanent
--add-port=8899/tcp
[root@server ~]# firewall-cmd --list-ports
8899/tcp
```

9.3.2 富规则和端口转发

1. 防火墙基本规则

在 firewalld 防火墙服务中配置一条富规则，拒绝所有来自 192.168.10.0/24 网段的用户访问本机 ssh 服务。

V9-2 防火墙基本规则

```
[root@server ~]# firewall-cmd --permanent --add-rich-rule="rule family="ipv4"
source address="192.168.10.0/24" service name="ssh" reject"
[root@server ~]# firewall-cmd --reload
[root@server ~]# firewall-cmd --list-rich-rules
rule family="ipv4" source address="192.168.10.0/24" service name="ssh" reject
```

2. 端口转发防火墙规则

在 server 上配置防火墙，将端口 443/tcp 转发到 22/tcp。

```
[root@server ~]# firewall-cmd --permanent --zone=public
--add-rich-rule="rule
family="ipv4" source address=192.168.10.0/24 forward-port port=443 protocol=tcp
to-port=22"
[root@server ~]# # firewall-cmd --reload
# 在另外一台主机上测试（同一网段的虚拟机）。
[root@node1 ~]# ssh -p443 server.example.com
```

3. 流量转发防火墙规则

将来自 work 区域中 192.168.0.0/24 且传入端口 80/tcp 的流量转发到防火墙计算机自身的端口 8080/tcp。

```
[root@server ~]# fireall-cmd --permanent --zone=work --add-rich-rule='rule
```

```
family=ipv4 source address=192.168.0.0/24 forward-port port=80 protocol=tcp
to-port=8080'
```

4. http 和 https 防火墙规则

仅允许某个网络主机访问 http 和 https 服务。

```
[root@server ~]# firewall-cmd --permanent --add-rich-rule='rule family=ipv4
source address=172.31.72.0/24 service name=http protocol=tcp accept'
```

5. ssh 防火墙规则

ssh 远程连接服务默认使用 22 端口提供远程连接,在防火墙规则中添加 ssh 服务使用 2220 端口,并修改 ssh 服务配置文件 sshd_config 禁止 22 端口访问。

```
[root@server ~]# grep -i port /etc/ssh/sshd_config
#Port 22
Port 2220
[root@server ~]# systemctl restart sshd
[root@server ~]# firewall-cmd --permanent --add-rich-rule='rule family=ipv4 source
address=172.31.72.0/24 port port=2220 protocol=tcp accept'
```

6. 查看防火墙日志

使用客户端登录服务器,查看/var/log/secure 文件,检查 sshd 日志。

```
[root@server ~]# tail -f /var/log/secure
May 22 05:08:55 openstack sshd[58785]: Disconnected from 172.31.31.7 port 64575
[preauth]May 22 05:09:38 openstack sshd[58910]: reprocess config line 57: Deprecated option
RSAAuthenticationMay 22 05:09:42 openstack sshd[58910]: Accepted publickey for anyuno from
172.31.31.7 port 64605 ssh2: RSA SHA256:LFdT6E/5vGQ0+a7HWWBHGD8LBBTZS7eJwKkp
HKSERa0May 22 05:09:43 openstack sshd[58910]: pam_unix(sshd:session): session opened for
user anyuno by (uid=0)
```

9.3.3 管理 SELinux 上下文

1. 查看文件和目录的安全上下文

使用 ls 命令的-Z 参数查看文件和目录的安全上下文。

```
[root@localhost ~]# ls -Z
#使用参数-Z 查看文件和目录的安全上下文
-rw-------. root root system_u: object_r: admin_home_t: s0 anaconda-ks.cfg
-rw-r--r--. root root system_u: object_r: admin_home_t: s0 install.log
-rw-r--r--. root root system_u: object_r: admin_home_t: s0 install.log.syslog
```

2. 更改文件或目录的 SELinux 上下文

semanage 命令用来查询与修改 SELinux 默认目录的安全上下文。restorecon 命令用来恢复 SELinux 文件属性,即恢复文件的安全上下文。

```
[root@server ~]# mkdir /virtual
[root@server ~]# ls -Zd /virtual/
unconfined_u:object_r:default_t:s0 /virtual/
```

```
[root@server  ~]# touch /virtual/index.html
[root@server  ~]# ls –Z /virtual/
unconfined_u:object_r:default_t:s0 index.html
[root@server  ~]# semanage fcontext –a –t httpd_sys_content_t '/virtual(/.*)?'
[root@server  ~]# restorecon –vvFR /virtual/
Relabeled /virtual from unconfined_u:object_r:default_t:s0 to system_u:object_r:httpd_sys_content_t:s0
Relabeled /virtual/index.html from unconfined_u:object_r:default_t:s0 to system_u:object_r:httpd_sys_content_t:s0
[root@server  ~]# ls –Z /virtual/
system_u:object_r:httpd_sys_content_t:s0 index.html
[root@server  ~]# ls –Zl /virtual/
total 0
-rw-r--r--. 1 root root system_u:object_r:httpd_sys_content_t:s0 0 Nov 24 00:07 index.html
```

9.3.4 管理 SELinux 端口标记

当管理员决定在非标准端口上运行服务时，SELinux 端口标签很有可能需要进行更新。在某些情况下，targeted 策略已通过可以使用的类型标记了端口。例如，由于端口 8080/tcp 通常用于 Web 应用程序，此端口已使用 http_port_t（Web 服务器的默认端口类型）进行标记。

V9-3 管理
SELinux 端口标记

1. 侦听端口标签

要获取所有当前端口标签的分配情况，可以使用 semanage 命令的 port 子命令实现，–l 参数将以下列形式列出所有当前分配。

```
[root@server  ~]# semanage port –l
port_label_t tcp|udp comma, separated, list, of, ports
```

2. 管理端口标签

RHEL 7 和 RHEL 8 可以使用 semanage 命令来分配新端口标签、删除端口标签或修改现有端口标签。下面使用 semanage 命令向现有端口标签（类型）中添加端口。

```
[root@server  ~]# semanage port –a –t port_label –p tcp|udp PORTNUMBER
```

（1）添加端口绑定。允许 http 服务侦听端口 8090/tcp。

```
[root@server  ~]# semanage port –a –t http_port_t –p tcp 8090
[root@server  ~]# semanage port –l |grep http
http_port_t   tcp   8090, 80, 81, 443, 488, 8008, 8009, 8443, 9000
```

（2）删除端口标签。删除端口 8090/tcp 与 http_port_t 的绑定。

```
[root@server  ~]# semanage port –d –t http_port_t –p tcp 8090
```

（3）修改端口绑定。修改端口 8090/tcp 与 nfs_port_t 的绑定。

```
[root@server  ~]# semanage port –m –t nfs_port_t –p tcp 8090
```

```
ValueError: Port tcp/8090 is not defined
[root@centos8_1 ~]# semanage port -a -t http_port_t -p tcp 8090
[root@server ~]# semanage port -m -t nfs_port_t -p tcp 8090
[root@centos8_1 ~]# semanage port -l |grep nfs
nfs_port_t              tcp         8090, 2049, 20048-20049
nfs_port_t              udp         2049, 20048-20049
```

9.4 项目实训

【实训任务】

本实训的主要任务是使用 Linux 系统防火墙和 SELinux 规则来控制与服务的网络连接，通过设置防火墙规则来接受或拒绝与系统服务的网络连接，通过管理 SELinux 端口标签来控制网络服务是否可以使用特定的网络端口。

【实训目的】

（1）理解 Linux 系统防火墙和 firewall 防火墙服务基本概念。

（2）掌握 firewalld 防火墙服务策略的实施和管理方法。

（3）掌握 SELinux 控制网络端口标记的实施和管理方法。

（4）掌握 SELinux 安全上下文的设置方法。

【实训内容】

（1）将 firewalld 的默认区域设置为 DMZ 区域。

（2）将 firewalld 防火墙服务中 ens18 网卡的默认区域修改为 block，使其重启后再生效。

（3）将 firewalld 防火墙服务中 dns 和 nfs 服务的请求流量设置为永久允许放行，并使其立即生效。

（4）将 firewalld 防火墙服务中 6880 端口的请求流量设置为允许放行。

（5）设置 SELinux 规则，允许 http 服务侦听端口 8080/tcp。

项目练习题

（1）某公司为新项目部署 Web 网站，侦听端口为 80/tcp 和 1001/tcp。编写防火墙规则，控制客户端对 http://server.example.com 默认 Web 服务器的访问权限，以及对 http://server.example.com:1001 虚拟主机的访问权限。

（2）将 SELinux 配置为允许 httpd 服务侦听端口 1001/tcp，登录服务器确定是否为防火墙分配了正确的端口，向 public 网络区域的永久配置中添加端口 1001/tcp。

（3）编写防火墙策略规则，禁止来自 192.168.100.0/24 网段的流量访问本机的 sshd 服务

（22 端口）。

（4）编写防火墙策略规则，禁止来自 192.168.101.0/24 网段的所有流量。

（5）编写防火墙策略规则，将来自 public 区域的客户端通过端口 138/tcp 传入的连接转发到 IP 地址为 192.168.200.100 的计算机上的 210/tcp 端口。

（6）编写防火墙策略规则，将来自 work 区域中 192.168.1.0/24 且传入端口 80/tcp 的流量转发到系统上的 8080/tcp 端口。

项目10
FTP服务配置与管理

10

学习目标

- 了解FTP文件共享服务
- 掌握FTP工作模式
- 掌握FTP账户权限和虚拟账户的配置方法

素质目标

- 引导学生树立正确的职业观
- 培养学生快速定位问题的能力

10.1　项目描述

　　小明所在的公司需要部署 FTP 服务器,针对不同部门和用户设置不同的 FTP 服务访问权限,以满足公司内部不同的员工和部门通过网络传输和存储文件的需求。小明作为数据中心系统工程师制定了实施方案:开发工程师组使用本地账户登录,可以上传和下载文件;运维工程师组通过虚拟账户登录,赋予其上传和下载文件的权限;网络工程师组通过虚拟账户登录,只赋予其下载文件的权限。

　　本项目主要介绍FTP 服务的实施和管理方法,通过配置服务器端参数设置本地账户和虚拟账户,并针对不同的部门和员工划分不同的访问权限。

10.2　知识准备

10.2.1　FTP 工作模式

　　文件传输协议(File Transfer Protocol, FTP)是一个用于在计算机网络中的客户端和服务器之间进行文件传输的应用层协议。FTP 服务一般运行在 20 和 21 两个端口。端口 20 用于在客户端和服务器之间传输数据流,端口 21 用于传输控制流。FTP 有两种使用模式,分别是主动模式和被动模式。

1. 主动模式

主动模式要求客户端和服务器同时打开并监听一个端口以创建连接。主动模式（Active Mode）的工作过程如下。

第 1 步：客户端随机开启大于 1024 的 X 端口与服务器的 21 端口建立连接通道，通道建立后，客户端随时可以通过该通道发送上传或下载的命令。

第 2 步：当客户端需要与服务器进行数据传输时，客户端会再开启一个大于 1024 的随机端口 Y，并将 Y 端口号通过之前的命令通道传输给服务器的 21 端口。

第 3 步：服务器获取客户端的第二个端口号后会主动连接客户端的该端口，通过 3 次"握手"后，完成服务器与客户端数据通道的建立，所有的数据均通过该数据通道进行传输。

2. 被动模式

由于客户端安装了防火墙，有时会产生一些问题，被动模式只要求服务器产生一个监听相应端口的进程，这样就可以绕过客户端安装的防火墙。被动模式（Passive Mode）的工作过程如下。

第 1 步：客户端随机开启大于 1024 的 X 端口，与服务器的 21 端口建立连接通道。

第 2 步：当客户端需要与服务器进行数据传输时，客户端从命令通道发送数据请求——上传或下载数据。

第 3 步：服务器收到数据请求后会随机开启一个端口 Y，并通过命令通道将该端口信息传输给客户端。

第 4 步：客户端在收到服务器发送过来的数据端口 Y 的信息后，将在客户端本地开启一个随机端口 Z，此时客户端再主动通过本机的 Z 端口与服务器的 Y 端口进行连接，通过 3 次"握手"完成连接后，即可进行数据传输。

综上所述，不像其他大多数互联网协议，FTP 需要适应多个网络端口才可以正常工作，其中一个端口专门用于命令的传输（命令端口），另一个端口专门用于数据的传输（数据端口）。主动模式在传输数据时，服务器会主动连接客户端；被动模式在传输数据时，由客户端主动连接服务器。FTP 最初使用主动模式工作，但现在客户端的主机多数都位于防火墙后面，而且防火墙策略一般不允许入站数据。也就是说，客户端的主机可以连接外网，但外网不可以直接接入客户端的主机。这样采用主动模式的 FTP 服务器最终将无法正常工作，所以现在 FTP 多数时候使用被动模式工作。

10.2.2 FTP 软件简介

在开源操作系统中，常见的 FTP 服务器软件有 vsftpd、ProFTPD、PureFTPd、Serv-U。

vsftpd 是 very secure FTP daemon 的缩写，是一款非常安全的 FTP 软件，安全性是它最大的特点。该软件是基于 GNU 通用公共许可证许可开发的，支持 IPv6、TLS 和 FTPS，是 Ubuntu、CentOS、Fedora 和 RHEL 发行版中的默认 FTP 服务器。

ProFTPd 是一套可配置性强且开放源代码的 FTP 服务器软件，ProFTPd 与 Apache 的配置方式类似，同时，其配置和管理也非常灵活。ProFTPd 有独立服务器和超级服务器的子服务器两种运行方式，ProFTPd 也开发了具有图形用户界面的 FTP 服务器软件 gProFTPd，无论从安全性和稳定性，还是可配置性来说都是非常好的选择。

PureFTPd 是一款专注于程序鲁棒性和软件安全性的免费 FTP 服务器软件，基于 BSD License 开发。可以在多种类 Unix 操作系统中编译运行，包括 OpenBSD、NetBSD、FreeBSD、Debian、Ubuntu、CentOS、SolarisDarwin、HP-UX 等系统。

Serv-U 是 Windows 平台和 Linux 平台的安全 FTP 服务器（FTPS、SFTP、HTTPS），是一个优秀、安全的文件管理、文件传输和文件共享的解决方案，同时也是应用最广泛的 FTP 服务器软件之一。Serv-U 提供了安全、高效的文件传输解决方案，以满足中小型企业和大型企业的数据传输需求。它提供简单又安全的 FTP 解决方案，允许快速和可靠的 B2B 文件传输和临时文件共享。它还提供完整的可见性服务，可以方便地控制和集中管理网络文件传输。

10.2.3　vsftpd 配置文件解析

vsftpd 软件安装完成后，该软件的主程序是/usr/sbin/vsftpd，vsftpd 配置文件及内容如表 10-1 所示。

表 10-1　vsftpd 配置文件及内容

配置文件	内容
/etc/logrotate.d/vsftpd	日志轮转备份配置文件
/etc/pam.d/vsftpd	基于 PAM 的 vsftpd 验证配置文件
/etc/vsftpd	vsftpd 软件主目录
/etc/vsftpd/ftpusers	默认的 vsftpd 黑名单
/etc/vsftpd/user_list	可以通过主配置文件设置该文件为黑名单或白名单
/etc/vsftpd/vsftpd.conf	vsftpd 主配置文件
/usr/sbin/vsftpd	vsftpd 主程序
/usr/share/doc/vsftpd-3.0.2	vsftpd 文档资料路径
/var/FTP	默认 vsftpd 共享目录

vsftpd 配置文件默认位于/etc/vsftpd 目录下，vsftpd 会自动寻址以.conf 结尾的配置文件，并使用此配置文件启动 FTP 服务。配置文件的格式为：参数=值（中间不可以有任何空格符），

以#开头的行会被识别为注释行。vsftpd 主要配置参数及作用如表 10-2 所示。

表 10-2　vsftpd 主要配置参数及作用

账户类型	配置参数	作用
全局设置	listen=YES	是否监听端口，独立运行守护进程
	listen_port=21	监听入站 FTP 请求的端口号
	write_enable=YES	是否运行写操作命令，全局开关
	download_enable=YES	如果设置为 NO，则拒绝所有的下载请求
	dirmessage_enable=YES	用户进入目录是否显示消息
	connect_from_port_20=YES	使用主动模式连接，启用 20 端口
	pasv_enable=YES	是否启用被动模式连接，默认为被动模式连接
	pasv_max_port=24600	被动模式连接的最大端口号
	pasv_min_port=24500	被动模式连接的最小端口号
	userlist_enable=YES	是否启用 user_list 用户列表文件
	userlist_deny=YES	是否禁止 user_list 文件中的账户访问 FTP
	max_clents=2000	最大同时运行 2000 客户端的连接，0 代表无限制
	max_per_ip=0	每个客户端的最大连接限制，0 代表无限制
	tcp_wrappers=YES	是否启用 tcp_wrappers
	guest_enable=YES	如果为 YES，则所有的非匿名登录都映射为 guest_username 指定的账户
	guest_username=FTP	设置来宾账户
	user_config_dir=/etc/vsftpd/conf	指定目录，在该目录下可以为用户设置独立的配置文件与参数
	dual_log_enable=NO	是否启用双日志功能，来生成两个日志文件
	anonymous_enable=YES	是否开启匿名访问功能，默认为开启
匿名账户	anon_root=/var/FTP	匿名访问 FTP 的根路径，默认为/var/FTP
	anon_upload_enable=YES	是否允许匿名账户上传文件，默认为禁止
	anon_mkdir_write_enable=YES	是否允许匿名账户创建目录，默认为禁止
	anon_other_write_enable=YES	是否允许匿名账户进行其他所有的写操作
	anon_max_rate=0	设置匿名数据传输率
	anon_umask=077	设置匿名上传权限掩码
本地账户	local_enable=YES	是否启用本地账户 FTP 功能
	local_max_rate=0	设置本地账户数据传输率
	local_umask=077	设置本地账户权限掩码
	chroot_local_user=YES	是否禁锢本地账户根目录，默认为 NO
	local_root=/FTP/share	本地账户访问 FTP 根路径

10.3 项目实施

10.3.1 安装 vsftpd

（1）安装 vsftpd 组件。

```
[root@server ~]# yum install vsftpd
```

（2）启动并启用 vsftpd 服务。

```
[root@server ~]# systemctl start vsftpd
[root@server ~]# systemctl enable vsftpd
```

（3）设置相应的 SELinux 布尔值。

```
[root@server ~]# setsebool -P ftpd_full_access on
```

（4）设置防火墙规则，允许 FTP 服务使用相关端口。

```
[root@server ~]# firewall-cmd --add-service=FTP --permanent
[root@server ~]# firewall-cmd --reload
```

10.3.2 vsftpd 本地账户管理

vsftpd 支持不同的登录方式，常用登录方式包括匿名登录、本地登录、虚拟账户登录 3 种。

匿名登录一般用于下载服务器。这种下载服务器往往是对外开放的，无须输入用户名与密码即可使用。vsftpd 默认开启的是匿名共享，默认共享路径为 /var/FTP。匿名用户权限参数和作用如表 10-3 所示。

V10-1 vsftpd
本地账户管理

表 10-3 匿名用户权限参数和作用

参数	作用
anonymous_enable=YES	允许匿名用户访问
anon_umask=022	匿名用户上传文件的 umask 值
anon_upload_enable=YES	允许匿名用户上传文件
anon_mkdir_write_enable=YES	允许匿名用户创建目录
anon_other_write_enable=YES	允许匿名用户修改目录名称或删除目录

本地登录则需要使用系统账户，以及对应的系统密码才可以登录，安装完成系统自带的 RPM 包 vsftpd 软件后，默认的配置文件中，anonymous_enable 与 local_enabled 均被设置为 YES，此时 FTP 为匿名访问模式，如果需要开启本地账户 FTP 功能，需要将 anonymous_enable 设置为 NO，默认共享路径为账户的家目录。需要注意的是，开启本地登录后，用户可

以离开家目录，从而进入系统中的其他目录，这样做非常危险，如果在配置文件中使用 chroot_local_user，用户将被禁锢在自己的家目录下，从而防止用户进入系统中的其他目录。由于 SELinux 默认不允许 FTP 共享家目录，因此需要设置 SELinux 相关规则。本地用户权限参数和作用如表 10-4 所示。

表 10-4　本地用户权限参数和作用

参数	作用
anonymous_enable=NO	禁止匿名用户访问
local_enable=YES	允许本地用户访问
write_enable=YES	设置可写权限
local_umask=022	本地用户上传文件的 umask 值
userlist_deny=YES	启用"禁止用户名单"功能，名单文件为 ftpusers 和 user_list
userlist_enable=YES	开启"用户名单文件"功能

（1）编辑配置文件，设置本地账户权限参数。

```
[root@server ~]# vim /etc/vsftpd/vsftpd.conf
1 anonymous_enable=NO
2 local_enable=YES
3 write_enable=YES
4 local_umask=022
5 dirmessage_enable=YES
6 xferlog_enable=YES
7 connect_from_port_20=YES
8 xferlog_std_format=YES
9 listen=NO
10 listen_ipv6=YES
11 pam_service_name=vsftpd
12 userlist_enable=YES
13 tcp_wrappers=YES
```

（2）创建系统账户与测试文件。

```
[root@server ~]#useradd -s /sbin/nologin ftpuser1
```

（3）启动 vsftpd 服务进程。

```
[root@server ~]# systemctl restart vsftpd
[root@server ~]# systemctl enable vsftpd
 ln -s '/usr/lib/systemd/system/vsftpd.service'
'/etc/systemd/system/multi-user.target.wants/vsftpd.service
```

（4）设置 SELinux 规则。

```
[root@server ~]# setsebool -P ftpd_full_access=on
```

（5）使用本地用户的身份登录 FTP 服务器。

```
[root@server ~]# ftp 192.168.10.10
Connected to 192.168.10.10 (192.168.10.10).
220 (vsftpd 3.0.2)
Name (192.168.10.10:root): ftpuser1
331 Please specify the password.
Password:此处输入该用户的密码
230 Login successful.
Remote system type is UNIX.
Using binary mode to transfer files.
FTP> mkdir files
257 "/home/linuxprobe/files" created
FTP> rename files database
350 Ready for RNTO.
250 Rename successful.
FTP> rmdir database
250 Remove directory operation successful.
FTP> exit
221 Goodbye.
```

10.3.3 vsftpd 虚拟账户管理

V10-2 vsftpd
虚拟账户管理

当有大量的用户需要使用 FTP 服务时，vsftpd 支持用虚拟账户模式登录 FTP，从而避免了创建大量的系统账户。通过 guest_enable 命令可以开启 vsftpd 的虚拟账户功能，guest_username 用来指定本地账户的虚拟映射名称。虚拟账户权限参数和作用如表 10-5 所示。

表 10-5 虚拟账户权限参数和作用

参数	作用
anonymous_enable=NO	禁止匿名用户访问
local_enable=YES	允许本地用户访问
guest_enable=YES	允许虚拟用户访问
guest_username=virtual	指定虚拟用户账户
pam_service_name=vsftpd.vu	指定 PAM 文件
allow_writeable_chroot=YES	允许对禁锢的 FTP 根目录执行写入操作，而且不拒绝用户的登录请求

Vsftpd 可以通过两个文件（黑名单文件和白名单文件）对用户进行 ACL 控制。/etc/vsftpd/ftpusers 默认是一个黑名单文件，存储在该文件中的所有用户都无法访问 FTP，格式为每行一个账户名称。/etc/vsftpd/user_list 文件会根据主配置文件中配置项设定的不同来决

定成为黑名单还是白名单文件，此外也可以禁用该文件。主配置文件中的 userlist_deny=NO，则该文件为白名单文件；如果 userlist_deny=YES，则该文件为黑名单文件。需要注意的是，黑名单表示仅禁止名单中的账户访问 FTP，也就是说，除黑名单中的账户以外，其他所有的账户都默认允许访问 FTP。

（1）创建虚拟用户数据库。

创建用于进行 FTP 认证的用户数据库文件，其中奇数行为账户名，偶数行为密码。下面分别创建出 zhangsan 和 lisi 两个账户，密码均为 redhat。

```
[root@server ~]# cd /etc/vsftpd/
[root@server vsftpd]# vim vuser.list
zhangsan
redhat
lisi
redhat
```

采用明文信息既不安全，也不符合让 vsftpd 服务程序直接加载的格式，因此需要使用 db_load 命令用散列算法将原始的明文信息文件转换成数据库文件，并且降低数据库文件的权限（避免其他人看到数据库文件的内容），然后再把原始的明文信息文件删除。

```
[root@server vsftpd]# db_load -T -t hash -f vuser.list vuser.db
[root@server vsftpd]# file vuser.db
vuser.db: Berkeley DB (Hash, version 9, native byte-order)
[root@server vsftpd]# chmod 600 vuser.db
[root@server vsftpd]# rm -f vuser.list
```

（2）设置虚拟账户共享目录。

因为所有的虚拟账户最终都需要映射到一个真实的系统账户，所以这里需要添加一个系统账户并设置家目录。

```
[root@server ~]# useradd -d /var/FTProot -s /sbin/nologin virtual
[root@server ~]# ls -ld /var/FTProot/
drwx------. 3 virtual virtual 74 Jul 14 17:50 /var/FTProot/
[root@server ~]# chmod -Rf 755 /var/FTProot/
```

（3）创建 PAM 文件，设置基于虚拟账户的验证机制。

Linux 操作系统一般通过 PAM 文件设置账户的验证机制，然后通过创建新的 PAM 文件、使用新的数据文件进行登录验证，PAM文件中的 db 参数用于指定并验证账户和密码的数据库文件，数据库文件无须以.db 为后缀。

为了方便管理 FTP 服务器上的数据，可以把这个系统本地用户的家目录设置为/var 目录（该目录用来存放经常发生改变的数据）。并且为了安全起见，将这个系统本地用户设置为不允许登录 FTP 服务器，这不会影响虚拟用户登录，而且还可以避免黑客通过这个系统本地用户进行登录。

新建一个用于虚拟用户认证的 PAM 文件 vsftpd.vu，其中 PAM 文件内的"db="参数为使用 db_load 命令生成的账户密码数据库文件的路径，但不用写数据库文件的后缀。

```
[root@server ~]# vim /etc/pam.d/vsftpd.vu
auth        required        pam_userdb.so db=/etc/vsftpd/vuser
account     required        pam_userdb.so db=/etc/vsftpd/vuser
```

（4）修改主配置文件。

在 vsftpd 服务程序的主配置文件中通过 pam_service_name 参数将 PAM 认证文件的名称修改为 vsftpd.vu，PAM 作为应用程序层与鉴别模块层的连接纽带，可以让应用程序根据需求灵活地插入所需的鉴别功能模块。当应用程序需要 PAM 认证时，则需要在应用程序中定义负责认证的 PAM 配置文件，以实现所需的认证功能。

在 vsftpd 服务程序的主配置文件中默认就带有参数 pam_service_name=vsftpd，表示登录 FTP 服务器时是根据/etc/pam.d/vsftpd 文件进行安全认证的。现在我们要做的就是把 vsftpd 主配置文件中原有的 PAM 认证文件 vsftpd 修改为新建的 vsftpd.vu 文件。

```
[root@server ~]# vim /etc/vsftpd/vsftpd.conf
1 anonymous_enable=NO
2 local_enable=YES
3 guest_enable=YES
4 guest_username=virtual
5 allow_writeable_chroot=YES
6 write_enable=YES
7 local_umask=022
8 dirmessage_enable=YES
9 xferlog_enable=YES
10 connect_from_port_20=YES
11 xferlog_std_format=YES
12 listen=NO
13 listen_ipv6=YES
14 pam_service_name=vsftpd.vu
15 userlist_enable=YES
16 tcp_wrappers=YES
```

（5）为每个用户设置独立的共享路径。

虽然 zhangsan 和 lisi 都是用于 vsftpd 服务程序认证的虚拟账户，但是依然可以为它们设置不同的权限。例如，允许 zhangsan 上传、创建、修改、查看和删除文件，只允许 lisi 查看文件。这可以通过 vsftpd 服务程序来实现，只需新建一个目录，在目录下创建以 zhangsan 和 lisi 命名的两个文件，其中在名为 zhangsan 的文件中写入允许的相关权限（使用匿名用户的参数）。

```
[root@server ~]# mkdir /etc/vsftpd/vusers_dir/
[root@server ~]# cd /etc/vsftpd/vusers_dir/
[root@server vusers_dir]# touch lisi
[root@server vusers_dir]# vim zhangsan
```

```
anon_upload_enable=YES
anon_mkdir_write_enable=YES
anon_other_write_enable=YES
```

然后再次修改 vsftpd 主配置文件，通过添加 user_config_dir 参数来定义这两个虚拟账户不同权限的配置文件所存放的路径。

```
[root@server ~]# vim /etc/vsftpd/vsftpd.conf
anonymous_enable=NO
local_enable=YES
guest_enable=YES
guest_username=virtual
allow_writeable_chroot=YES
write_enable=YES
local_umask=022
dirmessage_enable=YES
xferlog_enable=YES
connect_from_port_20=YES
xferlog_std_format=YES
listen=NO
listen_ipv6=YES
pam_service_name=vsftpd.vu
userlist_enable=YES
tcp_wrappers=YES
user_config_dir=/etc/vsftpd/vusers_dir
```

（6）启动并启用 vsftpd 服务。

为了让修改后的参数立即生效，重启 vsftpd 服务程序并将该服务添加到开机启动项中。

```
[root@server ~]# systemctl restart vsftpd
[root@server ~]# systemctl enable vsftpd
 ln -s '/usr/lib/systemd/system/vsftpd.service'
'/etc/systemd/system/multi-user.target.wants/vsftpd.service
```

（7）设置 SELinux 布尔值规则。

设置 SELinux 布尔值参数，允许 ftp 服务提供访问。

```
[root@server ~]# getsebool -a | grep ftp
[root@server ~]# setsebool -P ftpd_full_access=on
```

（8）验证虚拟账户。

使用 FTP 客户端命令登录 FTP 服务器，验证虚拟账户配置信息并测试账户权限。

```
[root@server ~]# ftp 192.168.10.10
Connected to 192.168.10.10 (192.168.10.10).
220 (vsftpd 3.0.2)
```

```
Name (192.168.10.10:root): lisi
331 Please specify the password.
Password:此处输入虚拟账户的密码
230 Login successful.
Remote system type is UNIX.
Using binary mode to transfer files.
FTP> mkdir files
550 Permission denied.
FTP> exit
221 Goodbye.
[root@server ~]# ftp 192.168.10.10
Connected to 192.168.10.10 (192.168.10.10).
220 (vsftpd 3.0.2)
Name (192.168.10.10:root): zhangsan
331 Please specify the password.
Password:此处输入虚拟账户的密码
230 Login successful.
Remote system type is UNIX.
Using binary mode to transfer files.
FTP> mkdir files
257 "/files" created
FTP> rename files database
350 Ready for RNTO.
250 Rename successful.
FTP> rmdir database
250 Remove directory operation successful.
FTP> exit
221 Goodbye.
```

10.4 项目实训

【实训任务】

本项目主要介绍部署 FTP 服务器的方法，包括设置只有本地用户 user1 和 user2 可以访问 FTP 服务器，设置将所有本地用户都锁定在家目录下，设置匿名账户具有上传、下载和创建目录的权限。

【实训目的】

（1）掌握 FTP 服务的工作模式和工作过程。

（2）掌握配置和管理 FTP 服务器参数的方法。

（3）掌握本地账户管理配置方法。

（4）掌握虚拟账户管理配置方法。

（5）掌握 FTP 客户端工具的使用方法。

【实训内容】

（1）安装 vsftpd 软件，提供文件工作服务。

（2）配置本地账户权限，允许本地用户登录 FTP 服务器。

（3）配置虚拟账户权限，允许特定用户登录 FTP 服务器。

项目练习题

（1）在 Linux CentOS 中，安装部署 vsftpd 软件包，设置匿名账户上传、下载权限。

（2）利用/etc/vsftpd/ftpusers 文件设置禁止本地用户 tom 登录 FTP 服务器。

（3）设置本地用户锁定在/home 目录下。

（4）在/etc/vsftpd/user_list 文件中指定本地用户 tom 和 jerry 可以访问 FTP 服务器，其他用户禁止访问 FTP 服务器。

（5）配置 FTP 服务器访问权限，拒绝 172.32.100.0/24 网络主机访问，对域 example.com 和 172.32.101.0/24 内的主机不做连接数和最大传输速率限制，对其他主机的访问限制每个 IP 的连接数为 5，最大传输速率为 1024kbit/s。

项目11
NFS服务配置与管理

11

学习目标

- 了解网络共享存储服务
- 掌握挂载、访问和卸载NFS网络存储的方法
- 掌握自动挂载和访问NFS网络存储的方法

素质目标

- 培养学生分析问题的能力
- 培养学生的自学意识

11.1 项目描述

小明所在公司需要部署大量服务器，以满足多个服务器之间数据备份和共享的需求。小明作为数据中心系统工程师，需要通过部署 NFS 服务实现多台 Linux 系统之间的数据共享，并使用自动挂载服务满足设备按需挂载的需求，提高服务器硬件资源和网络带宽的利用率。

本项目主要介绍 NFS 的服务实施与管理，如何在服务器上导出 NFS 文件共享，并针对不同网段内的主机设定访问控制权限，实现客户端挂载和访问 NFS 文件共享。

11.2 知识准备

11.2.1 网络文件系统简介

网络文件系统（Network File System，NFS）是一种基于网络的文件系统。它可以将远端服务器文件系统的目录挂载到本地文件系统的目录上，允许用户或者应用程序像访问本地文件系统的目录结构一样，访问远端服务器文件系统的目录结构，而无须理会远端服务器文件系统和本地文件系统的具体类型，非常方便地实现了目录和文件在不同机器上的共享。

NFS 是供 Linux、UNIX 及类似操作系统使用的互联网标准协议，可作为它们的本地网络文

件系统。它是一种仍在积极增强的开放标准，可支持本地 Linux 权限和文件系统功能。

RHEL8 中的默认 NFS 版本为 4.2，支持 NFSv4 和 NFSv3 的主要版本，NFSv2 已不再被支持。NFSv4 仅使用 TCP 与服务器进行通信，较早的 NFS 版本可使用 TCP 或 UDP。NFS 的第一个版本是 SUN Microsystems 公司在 20 世纪 80 年代开发出来的，迄今为止，NFS 经历了 NFS、NFSv2、NFSv3 和 NFSv4 共 4 个版本。NFS 最新的版本是 4.2，这个新版本也被称为"并行网络文件系统"（parallel NFS，pNFS）。

前 4 个版本的 NFS 作为一个文件系统，几乎具备了一个传统桌面文件系统最基本的结构特征和访问特征，不同之处在于它的数据存储在远端服务器上，而不是在本地设备上，因此不存在磁盘布局的处理。NFS 需要将本地操作转换为网络操作，并在远端服务器上实现，最后返回操作的结果。因此，NFS 更像是远端服务器文件系统在本地的一个文件系统代理，用户或者应用程序通过访问文件系统代理来访问真实的文件系统。

版本 NFS4.2（即 pNFS）引入了 Lustre、CephFS、GFS 等集群文件系统的设计思想，成为一个具有里程碑意义的 NFS 版本。它使得 NFS 的数据吞吐速度和规模都得到了极大提高，为 NFS 的应用带来了更为广阔的空间。

NFS 之所以备受瞩目，除了它在文件共享领域的优异表现外，还有一个关键原因在于它在 NAS 存储系统上发挥的积极作用。在与 DAS 和 SAN 在存储领域的竞争中，NFS 发挥了积极的作用，这使得 NFS 越来越受到关注。NFS 服务架构如图 11-1 所示。

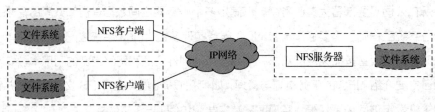

图 11-1　NFS 服务架构

11.2.2　NFS 服务器配置参数

在 NFS 服务器配置参数中，NFS 服务器导出的配置文件为/etc/exports 文件，该配置文件列出了要通过网络与客户端主机共享的目录，并且指出了哪些主机或网络对导出的文件具有访问权限。/etc/exports 配置参数格式如下所示。

服务器端共享目录的路径　允许访问的 NFS 资源客户端（共享权限参数）

在/etc/exports 配置文件中，可以列出一个或多个客户端，以空格分隔。例如，nfsserver.example.com 服务器导出/nfsshare 目录，允许 client.example.com 主机挂载。

/nfsshare　client.example.com

在客户端主机参数后，还可以定义共享权限参数，多个参数用逗号分隔。例如，nfsserver.example.com 服务器导出/nfsshare 目录，允许 client.example.com 主机读取 NFS 共享中的文件，并禁止任何写操作。

/nfsshare   client.example.com(ro)

nfsserver.example.com 服务器导出/nfsshare 目录,允许 client1.example.com 主机读取 NFS 共享中的文件，并禁止任何写操作；client2.example.com 主机对 NFS 共享具有读写访问权限。

/nfsshare   client1.example.com(ro)   client2.example.com(rw)

nfsserver.example.com 服务器导出/nfsshare 目录，允许 client3.example.com 主机对 NFS 共享具有读写访问权限，并且允许实际的 root 用户访问导出的 NFS 目录。NFS 客户端参数和各种权限示例如表 11-1、表 11-2、表 11-3、表 11-4 所示。

/nfsshare   client3.example.com(rw,no_root_squash)

表 11-1　客户端参数及作用

参数	作用
192.168.0.200	指定 IP 地址的主机
192.168.0.0/24 192.168.0.0/255.255.255.0	指定网段中的所有主机
server0.example.com server[0-20].example.com	指定域名的主机
*.example.com	指定域中的所有主机

表 11-2　共享权限参数及作用

参数	作用
ro	设置输出目录只读
rw	设置输出目录读写
root_squash	当 NFS 客户端使用 root 用户访问时，映射为 NFS 服务端的匿名用户
all_squash	不论 NFS 客户端使用何种账户，均映射为 NFS 服务端的匿名用户
no_root_squash	登入 NFS 主机的用户如果是 root 用户，他就拥有 root 的权限。此参数很不安全，建议不要使用
sync	将数据同步写入内存缓冲区与磁盘中，效率低，但可以保证数据的一致性，不会丢失数据
async	将数据先保存在内存缓冲区中，必要时才写入磁盘，效率更高，但可能造成数据丢失

表 11-3　NFS 服务程序共享文件和客户端示例

参数	作用
/nfsshare *.example.com	导出/nfsshare 目录并且允许 example.com 域中的所有子域访问 NFS 导出的目录
/nfsshare client1.example.com	导出/nfsshare 目录并且允许 client1.example.com 访问导出的目录

续表

参数	作用
/nfsshare client[1-20].example.com	导出/nfsshare 目录并且允许 client1.example.com 至 client20.example.com 访问 NFS 导出的目录
/nfsshare 172.31.1.100	导出/nfsshare 目录并且允许 172.31.1.100 主机访问 /nfsshare 共享
/nfsshare 172.31.1.0/24	允许从 172.31.1.0/24 网络中访问 NFS 导出的目录 /nfsshare
/nfsshare 172.31.1.100/24 *.example.com	允许从 172.31.1.100/24 网络和 example.com 域中的主机访问 NFS 导出的目录/nfsshare
/nfsshare 192.168.0.*	将/nfsshare 目录导出给 192.168.0 网络中的所有主机

表 11-4   NFS 服务程序共享权限参数示例

参数	作用
/myshare client0.example.com(ro)	限制 NFS 客户端读取 NFS 共享中的文件，禁止任何写操作
/myshare client0.example.com(rw)	允许 NFS 客户端进行读写访问
/myshare client0.example.com(rw,no_root_squash)	允许 NFS 客户端读写访问，且允许实际的 root 用户访问导出的 NFS 目录/myshare

11.2.3   自动挂载简介

自动挂载器（autofs）可以提供文件系统自动挂载和卸载服务，常用于 Linux 客户端挂载或卸载 NFS 服务器共享的文件系统，与 mount 命令的不同之处在于，它是一种守护进程服务。autofs 可以根据需要，自动挂载 NFS 服务器共享文件系统，并且当检测到某个挂载的文件系统在一段时间内没有被使用时，autofs 会自动将其卸载。因此，使用 autofs 的管理员不再需要手动完成共享文件系统的挂载和卸载，从而提高系统资源使用率。

自动挂载器相比 mount 命令手动挂载和/etc/fstab 文件挂载方式，具有以下优势。

- 用户无须具有 root 权限就可以运行 mount 和 umount 命令。
- 自动挂载器中配置的 NFS 共享可供计算机上的所有用户使用，但受访问权限约束。
- NFS 共享不像/etc/fstab 文件中的条目一样永久连接，因此可释放网络和系统资源。
- 自动挂载器在客户端配置，无须进行任何服务器端配置。
- 自动挂载器与 mount 命令使用相同的参数，包括安全性参数。
- 自动挂载器支持直接和间接挂载点映射，在挂载点位置方面提供了灵活性。
- 使用 autofs 服务可创建和删除间接挂载点，从而避免了手动管理。

- NFS 是默认的自动挂载器网络文件系统，但也可以自动挂载其他网络文件系统。

- autofs 是一种服务，其管理方式类似于其他系统服务。

11.3 项目实施

11.3.1 配置 NFS 服务器

（1）安装 NFS 服务。

```
[root@server  ~]# yum install nfs-utils
# nfs-utils 提供了使用 NFS 将目录导出到客户端必需的所有使用程序
```

（2）在 NFS 服务端主机上，创建 NFS 文件共享的目录。

```
[root@server  ~]# mkdir /nfsfile
[root@server  ~]# chmod -R 777 /nfsfile
[root@server  ~]# echo "welcome to server.com" > /nfsfile/readme
```

（3）编辑配置文件/etc/exports，设定 NFS 服务程序参数。

```
/nfsfile 192.168.10.*(rw,sync,root_squash)
```

（4）使用 exportfs 命令管理当前 NFS 共享的文件系统列表。

如果在启动了 NFS 之后又修改了/etc/exports 文件，可以使用 exportfs 命令来使改动立刻生效。

```
exportfs 命令格式：exportfs [-aruv]
参数-a 用于全部挂载或卸载/etc/exports 文件中的内容 。
参数-r 用于重新读取/etc/exports 文件中的信息，并同步更新。
参数-u 用于卸载某一个目录。
参数-v 用于在 export 的时候，将详细的信息输出到屏幕上。
```

（5）启动并启用 nfs 共享服务程序。

```
[root@server  ~]# systemctl start nfs-server
[root@server  ~]# systemctl enable nfs-server
```

（6）配置防火墙规则，允许 NFS 服务共享导出。

```
[root@server nfsfile]# firewall-cmd --permanent --add-service=nfs
[root@server nfsfile]# firewall-cmd --permanent --add-service=mountd
[root@server nfsfile]# firewall-cmd --permanent --add-service=rpc-bind
success
[root@server nfsfile]# firewall-cmd --reload
success
```

（7）查看 NFS 支持版本。

```
[root@server  ~]# vi /etc/sysconfig/nfs
```

```
RPCNFSDARGS="-V 4.2"
# Number of nfs server processes to be started.
[root@server  ~]# reboot #  重启系统后，参数生效
[root@server  ~]# cat /proc/fs/nfsd/versions
-2 +3 +4 +4.1 +4.2
```

（8）查看 NFS 服务使用端口。

```
[root@server  ~]# netstat -antulp | grep :204
NFS 服务使用端口为 2049
```

（9）NFS 服务依赖 RPC 服务，还可以查看 RPC 相关服务端口信息。

```
[root@server  ~]# netstat -antulp | grep -i  rpc
```

11.3.2 访问 NFS 共享

NFS 是由 Linux、UNIX 及类似操作系统用作本地网络文件系统的一种互
联网标准协议，可支持本地 Linux 权限和文件系统功能。最新的 NFSv4 使用
TCP 与服务器进行通信，较早版本的 NFSv3 和 NFSv2 使用 TCP 或 UDP。

NFS 服务器导出共享目录，NFS 客户端将导出的共享挂载到本地挂载点
目录，本地挂载点必须已经存在。

V11-1 访问
NFS 共享

（1）使用 showmount 命令查询服务端共享信息。

功能：showmount 命令用于查询 mount 守护进程、显示 NFS 服务端的远程共享信息。

格式：showmount [参数] [远程主机]。

showmount 命令参数及作用如表 11-5 所示。

```
[root@server  ~]# showmount -e 192.168.10.10
Export list for 192.168.10.10:
/nfsfile 192.168.10.*
#输出格式为"共享的目录名称  允许使用客户端地址"
```

表 11-5 showmount 命令参数及作用

参数	作用
e	显示 NFS 服务端的共享目录
-a	显示本机挂载 NFS 资源的情况
-v	显示版本号
-d	仅显示已被 NFS 客户端加载的目录

（2）创建 NFS 客户端挂载点目录。

```
[root@server  ~]# mkdir /nfsdata
```

（3）使用 mount 命令将服务器端共享挂载到客户端目录。

```
[root@server  ~]# mount -t nfs 192.168.10.10:/nfsfile /nfsdata
```

```
[root@server  ~]# mount | grep nfs
# mount 挂载格式: mount   NFS 服务器 IP:共享目录   本地挂载点目录
```

mount 命令的-t 参数指定挂载文件系统的类型，后面需要写上服务端的 IP 地址、共享出去的目录以及挂载到系统本地的目录。

（4）永久挂载 NFS 共享目录，将挂载条目写入 fstab 文件中。

```
[root@client  ~]# vim /etc/fstab
 192.168.10.10:/nfsfile /nfsdata nfs defaults 0 0
```

11.3.3　配置自动挂载

（1）使用 yum 命令，安装 autofs 组件。

```
[root@client  ~]# yum install -y autofs
```

（2）编辑自动挂载主配置文件/etc/auto.master，添加自动挂载参数。

```
[root@client  ~]# vim /etc/auto.master
/mnt/nfs   /etc/auto.nfs --timeout=30
```

V11-2　配置
自动挂载

（3）编辑自动挂载映射配置文件，添加自动挂载参数。

```
[root@client  ~]# vim /etc/auto.nfs
nfs1 -fstype=nfs,vers=3,rw 192.168.100.1:/nfsshare
```

（4）启动并启用 autofs 服务。

```
[root@client  ~]# systemctl start autofs
[root@client  ~]# systemctl enable autofs
```

（5）切换到自动挂载目录，验证自动挂载服务。

```
[root@client  ~]# ll /mnt/nfs #发现什么都没有
[root@client  ~]# cd /mnt/nfs
[root@client  ~]# cd nfs1
[root@client  ~]# ls
```

（6）使用 df -TH 命令，检查自动挂载条目信息。

```
[root@client ~]# df -TH
```

11.4　项目实训

【实训任务】

本实训的主要任务是部署和实施 NFS 服务来导出 NFS 共享目录，并设定 NFS 配置参数，以允许特定网络主机具有不同的访问权限；设置防火墙规则允许客户端访问 NFS 共享文件，实现数据的读取或者写入。

【实训目的】

（1）理解网络文件系统基本概念。

（2）掌握 NFS 服务部署和参数配置方法。

（3）掌握客户端访问 NFS 共享方法。

（4）掌握自动挂载服务配置方法，实现按需挂载 NFS 共享。

【实训内容】

（1）安装和部署 NFS 服务。

（2）设置 NFS 服务共享参数。

（3）设置防火墙规则，运行 NFS 服务以提供共享目录。

（4）配置客户端挂载 NFS 服务共享目录。

（5）配置自动挂载参数实现按需挂载。

项目练习题

（1）服务器 server.example.com 通过 NFS 服务导出/shares 目录，其中包含 pro1、 pro2 和 pro3 子目录。

（2）group1 组由 dba 和 ops 用户组成。它们对共享目录/shares/pro1 具有读写访问权限。

（3）group2 组由 dbuser1 和 sysadmin1 用户组成。它们对共享目录/shares/production 具有读写访问权限。

（4）group3 组由 con1 和 con2 用户组成。它们对共享目录/shares/pro2 具有读写访问权限，client 的主挂载点是/remote 目录。

（5）/shares/pro1 共享目录应自动挂载到 client 上的/remote/pro1，/shares/pro2 共享目录应自动挂载到 client 上的/remote/pro2，/shares/pro3 共享目录应自动挂载到 client 上的/remote/pro3。

项目12
DHCP服务配置与管理

12

学习目标

- 了解IP地址和动态主机配置协议基本概念
- 掌握DHCP服务部署与管理方法
- 掌握MAC地址和IP地址固定分配方法

素质目标

- 培养学生对错误的分辨能力
- 培养爱国情怀和工匠精神

12.1 项目描述

小明所在公司因业务调整，需要对各部门网络架构进行重新规划和调整，以满足各部门自动获取 IP 地址的需求，以及某些部门需要将特定主机的 MAC 地址和 IP 地址绑定，以获取固定 IP 地址的需求。小明作为数据中心系统工程师，需要在企业内部部署 DHCP 服务器，以满足公司网络调整的需求。

本项目主要介绍 DHCP 服务的实施和管理，DHCP 作用域以及中继代理服务的配置与管理，实现局域网 IP 地址分配和网络地址参数调整。

12.2 知识准备

12.2.1 DHCP 服务简介

动态主机配置协议（Dynamic Host Configuration Protocol，DHCP），又称动态主机组态协定，是一个用于 IP 网络的网络协议。该协议位于 OSI 模型的应用层，使用 UDP 工作。DHCP 用一个或一组 DHCP 服务器来管理网络参数的分配，DHCP 也可用于直接为服务器和桌面计算机分配地址，还可以通过一个 PPP 代理为住宅 NAT 网关和路由器分配地址。DHCP 一般不适用于无边际路由器和 DNS 服务器，对于一些设备，如路由器和防火墙，不建议使用 DHCP。

12.2.2　DHCP 服务工作方式

DHCP 服务运行分为 4 个基本过程，分别为请求 IP 租约、提供 IP 租约、选择 IP 租约和确认 IP 租约。

客户在获得了一个 IP 地址以后，就可以发送一个 ARP 请求来避免由于 DHCP 服务器地址池重叠而引发的 IP 冲突。DHCP 运行过程如表 12-1 所示。

表 12-1　DHCP 运行过程

过程	内容
DHCP 发现（Discover）	客户端在物理子网上发送广播来寻找可用的服务器。网络管理员可以配置一个本地路由来转发 DHCP 包给另一个子网上的 DHCP 服务器。该客户端生成一个目的地址为 255.255.255.255 或者一个子网广播地址的 UDP 包
DHCP 提供（Offer）	当 DHCP 服务器收到一个来自客户端的 IP 租约请求时，它会提供一个 IP 租约。DHCP 为客户端保留一个 IP 地址，然后通过网络单播一个 DHCP Offer 消息给客户端。该消息包含客户端的 MAC 地址、服务器提供的 IP 地址、子网掩码、租期以及提供 IP 的 DHCP 服务器的 IP
DHCP 请求（Request）	当客户端收到一个 IP 租约提供时，它必须告诉所有其他的 DHCP 服务器它已经接收了一个租约提供。因此，该客户会发送一个 DHCP Request 消息，其中包含提供租约的服务器的 IP。当其他 DHCP 服务器收到该消息后，它们会收回所有可能已提供给该客户端的租约。然后它们把曾经给该客户端保留的那个地址重新放回到可用地址池中，这样，它们就可以为其他客户端分配这个地址
DHCP 确认（Acknowledge，ACK）	当 DHCP 服务器收到来自客户端的 Request 消息后，它就开始了配置过程的最后阶段。这个响应阶段包括发送一个 DHCP ACK 包给客户端。这个包包含租期和客户端可能请求的其他所有配置信息。这时候，TCP/IP 配置过程就完成了。该服务器响应请求并发送响应给客户端。整个系统期望客户端根据选项来配置其网卡

12.3　项目实施

12.3.1　安装 DHCP 软件

（1）在 CentOS 7 中使用 yum 命令安装 DHCP 软件。

```
[root@server ~]# yum -y install dhcp
```

（2）在 CentOS 8 中使用 yum 命令安装 DHCP 软件。

```
[root@server ~]# yum -y install dhcp-server
```

（3）在 CentOS 7 中查询 DHCP 软件。

```
[root@server ~]# rpm -qa dhcp
dhcp-4.2.5-68.el7.centos.1.x86_64
```

（4）在 CentOS 8 中查询 DHCP 软件包。

```
[root@server ~]# rpm -qa dhcp-server
dhcp-server-4.3.6-40.el8.x86_64
```

（5）查看 DHCP 软件包中的文件安装信息。

DHCP 服务程序的主配置文件为/etc/dhcp/dhcpd.conf，执行程序文件为/usr/sbin/dhcpd

和/usr/sbin/dhcrelay。

```
[root@server ~]# rpm -ql dhcp
/etc/NetworkManager
/etc/NetworkManager/dispatcher.d
/etc/NetworkManager/dispatcher.d/12-dhcpd
/etc/dhcp/dhcpd.conf
/etc/dhcp/dhcpd6.conf
/etc/dhcp/scripts
/etc/dhcp/scripts/README.scripts
/etc/openldap/schema/dhcp.schema
/etc/sysconfig/dhcpd
/usr/bin/omshell
/usr/lib/systemd/system/dhcpd.service
/usr/lib/systemd/system/dhcpd6.service
/usr/lib/systemd/system/dhcrelay.service
/usr/sbin/dhcpd
/usr/sbin/dhcrelay
/usr/share/doc/dhcp-4.2.5
/usr/share/doc/dhcp-4.2.5/dhcpd.conf.example
/usr/share/doc/dhcp-4.2.5/dhcpd6.conf.example
/usr/share/doc/dhcp-4.2.5/ldap
/usr/share/doc/dhcp-4.2.5/ldap/README.ldap
/usr/share/doc/dhcp-4.2.5/ldap/dhcp.schema
/usr/share/doc/dhcp-4.2.5/ldap/dhcpd-conf-to-ldap
/usr/share/man/man1/omshell.1.gz
/usr/share/man/man5/dhcpd.conf.5.gz
/usr/share/man/man5/dhcpd.leases.5.gz
/usr/share/man/man8/dhcpd.8.gz
/usr/share/man/man8/dhcrelay.8.gz
/usr/share/systemtap/tapset/dhcpd.stp
/var/lib/dhcpd
/var/lib/dhcpd/dhcpd.leases
/var/lib/dhcpd/dhcpd6.leases
```

12.3.2 配置 DHCP 服务

DHCP 软件包是 DHCP 的具体实现。DHCP 服务的守护进程名为 dhcpd，主配置文件为/etc/dhcp/dhcpd.conf，默认情况下，该文件为空文件，但 DHCP 软件的 RPM 包提供了一个模板文件/usr/share/doc/dhcp-server/dhcpd.conf.example。在配置 DHCP 服务的时候，可以参考该模板文件中的配置参数。DHCP 服务作用域参数及作用如表 12-2 所示。

V12-1 配置
DHCP 服务

表 12-2　DHCP 服务作用域参数及作用

参数	作用
作用域	一个完整的 IP 地址段，DHCP 服务根据作用域来管理网络的分布、分配 IP 地址及其他配置参数
超级作用域	用于支持同一物理网络上多个逻辑 IP 地址子网段，包含作用域的列表，并对子作用域进行统一管理
排除范围	将某些 IP 地址在作用域中排除，确保这些 IP 地址不会被提供给 DHCP 客户机
租约	即 DHCP 客户机能够使用动态分配到的 IP 地址的时间
预约	保证局域子网中特定设备总是获取到相同的 IP 地址

（1）查询 DHCP 软件包的安装文档和模板文件。

```
[root@server ~]# rpm -ql dhcp
[root@server ~]# cat /usr/share/doc/dhcp-4.2.5/dhcpd.conf.example
```

（2）查看 DHCP 服务模板文件的配置参数。

```
[root@server ~]# cat /etc/dhcp/dhcpd.conf
# create new
# specify domain name
# specify name server's hostname or IP address（域名服务器地址或者主机名）
option domain-name-servers 10.0.0.1;
option domain-search "example.com";
# default lease time
default-lease-time 600;
# max lease time
max-lease-time 7200;
# this DHCP server to be declared valid
authoritative;
# specify network address and subnet mask 定义网络地址和子网掩码信息
subnet 10.0.0.0 netmask 255.255.255.0 {
        # specify the range of lease IP address 地址范围
        range dynamic-bootp 10.0.0.200 10.0.0.254;
        # specify broadcast address 广播地址
```

```
        option broadcast-address 10.0.0.255;
    # specify default gateway    默认网关
        option routers 10.0.0.1;

}
```

全局配置参数用于定义整个配置文件的全局参数，而子网网段声明用于配置整个子网段的地址属性，DHCP 服务器配置参数及作用如表 12-3 所示。

表 12-3　DHCP 服务器配置参数及作用

参数	作用
ddns-update-style 类型	定义 DDNS 服务动态更新的类型，类型包括 none（不支持动态更新）、interim（互动更新模式）与 ad-hoc（特殊更新模式）
allow/ignore client-updates	允许或忽略客户机更新 DNS 记录
default-lease-time 21600	默认超时时间
max-lease-time 43200	最大超时时间
option domain-name-servers 8.8.8.8	定义 DNS 服务器地址
option domain-name "domain.org"	定义 DNS 域名
range	定义用于分配的 IP 地址池
option subnet-mask	定义客户机的子网掩码
option routers	定义客户机的网关地址
broadcase-address 广播地址	定义客户机的广播地址
ntp-server IP 地址	定义客户机的网络时间服务器（基于 NTP）
nis-servers IP 地址	定义客户机的 NIS 域服务器的地址
hardware 硬件类型 MAC 地址	指定网卡接口的类型与 MAC 地址
server-name 主机名	通知 DHCP 客户机服务器的主机名
fixed-address IP 地址	将某个固定 IP 地址分配给指定主机
time-offset 偏移差	指定客户机与格林尼治时间的偏移差

（3）编写 DHCP 服务配置文件参数。

```
[root@server ~]# vim /etc/dhcp/dhcpd.conf
[root@server ~]# cat /etc/dhcp/dhcpd.conf
# DHCP Server Configuration file.
#    see /usr/share/doc/dhcp*/dhcpd.conf.example
subnet 192.168.100.0 netmask 255.255.255.0 {
    range 192.168.100.30 192.168.100.60;
    option domain-name-servers 192.168.100.254;
    option domain-name "rhcc.com";
    option routers 192.168.100.254;
    option broadcast-address 192.168.100.255;
    default-lease-time 3600;
    max-lease-time 7200;

}
```

（4）重启 DHCP 服务，使配置参数立即生效。

```
[root@server ~]# systemctl restart dhcpd
```

（5）在 Linux 客户端上验证 DHCP 服务分配的 IP 地址。

```
[root@node1 ~]# nmcli device show |grep -i ip
IP4.ADDRESS[1]:                        192.168.100.30/24
IP4.GATEWAY:                           192.168.100.254
IP4.DNS[1]:                            192.168.100.254
IP4.DOMAIN[1]:                         rhcc.com
```

12.3.3 根据 MAC 地址分配固定 IP

（1）查询客户端 node1 的 MAC 地址。

```
[root@node1 ~]# nmcli device show | grep -i addr
GENERAL.HWADDR:                        00:0C:29:F5:D9:F7
IP4.ADDRESS[1]:                        192.168.100.30/24
IP6.ADDRESS[1]:                        fe80::20c:29ff:fef5:d9f7/64
```

V12-2 根据MAC
地址分配固定 IP

（2）编辑 DHCP 服务主配置文件。

```
[root@server ~]# vim /etc/dhcp/dhcpd.conf
host node1 {
    hardware ethernet 00:0C:29:F5:D9:F7;
    fixed-address 192.168.100.88;
}
```

（3）重启 DHCP 服务，使配置参数立即生效。

```
[root@server ~]# systemctl restart dhcpd
```

（4）在 Linux 客户端上验证 DHCP 服务分配的固定 IP 地址。

```
[root@node1 ~]# systemctl restart network
[root@node1 ~]# nmcli device show |grep -i addr
GENERAL.HWADDR:                        00:0C:29:F5:D9:F7
IP4.ADDRESS[1]:                        192.168.100.88/24
```

12.3.4 清除 DHCP 服务器缓存

（1）查看 DHCP 服务器缓存文件。

```
[root@server ~]# cd /var/lib/dhcpd/
[root@server dhcpd]# ls
dhcpd6.leases   dhcpd.leases   dhcpd.leases~
```

（2）查看 DHCP 服务器缓存信息。

```
[root@server dhcpd]# cat dhcpd.leases
# The format of this file is documented in the dhcpd.leases(5) manual page.
```

```
# This lease file was written by isc-dhcp-4.2.5
lease 192.168.100.33 {
    starts 1 2019/08/12 02:39:28;
    ends 1 2019/08/12 03:39:28;
    tstp 1 2019/08/12 03:39:28;
    cltt 1 2019/08/12 02:39:28;
    binding state active;
    next binding state free;
    rewind binding state free;
    hardware ethernet 00:0c:29:14:5e:e3;
    client-hostname "server";
}
lease 192.168.100.30 {
    starts 1 2019/08/12 02:43:40;
    ends 1 2019/08/12 03:43:40;
    tstp 1 2019/08/12 03:43:40;
    cltt 1 2019/08/12 02:43:40;
    binding state active;
    next binding state free;
    rewind binding state free;
    hardware ethernet 00:0c:29:f5:d9:f7;
    client-hostname "node1";
}
lease 192.168.100.32 {
    starts 1 2019/08/12 02:44:14;
    ends 1 2019/08/12 03:44:14;
    tstp 1 2019/08/12 03:44:14;
    cltt 1 2019/08/12 02:44:14;
    binding state active;
    next binding state free;
    rewind binding state free;
    hardware ethernet 00:0c:29:83:64:dd;
    client-hostname "node2";
}
server-duid "\000\001\000\001$\343\206\265\000\014)\024^\331";
```

（3）清除 DHCP 服务器缓存文件，并重启 DHCP 服务。

```
[root@server ~]# rm -f /var/lib/dhcpd/*
[root@server ~]# systemctl restart dhcpd
```

12.3.5 配置 DHCP 中继代理

1. 在 DHCP 服务器上配置超级作用域

局域网中位于 172.31.100.0 网段的 DHCP 服务器给 172.31.1.0、172.31.2.0 等不同网段

的主机动态分配 IP 地址，分配给客户端主机的 IP 地址池为 172.31.1.1～172.31.1.253，网关
地址为 172.31.1.254，默认的最长租约期限和 DNS 服务器的域名及 IP 地址与 172.31.100.0
网段的租约期限和 DNS 服务器相同，通过 DHCP 中继代理服务器 172.31.0.253 实现。

```
[root@server  ~]# vim /etc/dhcp/dhcpd.conf
ddns-update-style interim;
ignore client-updates;
share-network dhcpdomain {
option domain-name "dns.rhce.com";
option domain-name-servers 172.31.100.253;
option time-offset   -18000;
default-lease-time 909800;
max-lease-time 909800;
subnet 172.31.100.0 netmask 255.255.255.0{
     option routers 172.31.100.254;
     option subnet-mask 255.255.255.0;}
     subnet 172.31.1.0 netmask 255.255.255.0 {
       option routers 172.31.1.254;
       option subnet-mask 255.255.255.0;
       range dynamic-bootp 172.31.1.1 172.31.1.200;}
     subnet 172.31.2.0 netmask 255.255.255.0 {
       option routers 172.31.2.254;
       option subnet-mask 255.255.255.0;
       range dynamic-bootp 172.31.2.1 172.31.2.200}
}
```

重启 DHCP 服务，使参数立即生效。

```
[root@server  ~]# systemctl restart dhcpd
```

2. 在 DHCP 中继代理服务器上配置代理参数

在 DHCP 中继代理服务器上添加一块网卡 ens19，配置 IP 地址为 172.31.1.253，用来连
接 172.31.1.0 网段的客户端主机。ens18 网卡的 IP 地址为 172.31.100.253，与 DHCP 服务
器相连。

（1）为了使 172.31.1.0 网段的客户端主机-5DHCP 服务器能够通信，在 DHCP 中继代理
服务器上添加一条路由，使 DHCP 服务器能够 ping 通 172.31.1.253，实现 DHCP 服务器与
172.31.1.0 网段客户端主机的通信。

```
[root@relayserver  ~]# route add -net 172.31.100.0-/24 gw 172.31.1.253 dev ens19
```

（2）在 DHCP 服务器上添加一条路由，确保和中继网段之间能够通信。

```
[root@server  ~]# route add -net 172.31.1.0-/24 gw 172.31.100.253 dev ens18
```

（3）编辑中继代理配置文件/etc/sysconfig/dhcrelay。

```
[root@relayserver  ~]# vim /etc/sysconfig/dhcrelay
```

```
INTERFACES="ens19"
DHCPSERVERS="172.31.100.253"
```

12.4　项目实训

【实训任务】

本实训的主要任务是通过部署 DHCP 服务器，实现 DHCP 服务器给局域网同网段内的计算机自动分配 IP 地址；配置和管理 DHCP 中继代理服务器，实现 DHCP 服务器通过 DHCP 中继代理服务器给局域网内的不同网段内的计算机自动分配 IP 地址；针对不同场景的需求，设置 MAC地址和 IP 地址绑定。

【实训目的】

（1）理解 DHCP 服务的工作过程和基本概念。

（2）掌握 DHCP 服务器配置与管理方法。

（3）掌握 DHCP 中继服务器配置与管理方法。

（4）掌握根据 MAC 地址分配器固定 IP 地址的方法。

【实训内容】

（1）在 CentOS 7 或者 CentOS 8 中，安装部署 DHCP 软件包。

（2）设置 DHCP 服务器/etc/dhcp/dhcpd.conf 配置文件的参数。

（3）设置 DHCP 中继代理服务器配置参数。

（4）使用 Linux 客户端验证 DHCP 服务地址分配。

项目练习题

（1）部署 DHCP 服务器，为 IT 部门所有主机提供 DHCP 服务，解决 IP 地址动态分配的问题。分配的 IP 地址网段为 172.31.1.100～172.31.1.200，子网掩码为 255.255.255，网关地址为 172.31.1.254，域名服务器为 172.31.100.1，默认租约有效期 1 天，最大租约有效期 7 天。

（2）在 DHCP 服务器上配置参数，根据 MAC 地址分配固定 IP 地址。

（3）动态 IP 地址方案有什么优缺点？简述 DHCP 服务器的工作过程。

（4）某企业内部部署 DHCP 服务器，网络架构采用单作用域的结构，采用 172.31.10.0/24网段的 IP 地址。随着企业业务和规模扩大，员工办公终端数量快速增长，现有的 IP 地址无法满足现有的需求，需要添加新的 IP 地址。使用超级作用域达到增加 IP 地址的目的，在 DHCP 服务器上添加新的作用域，使用 172.31.11.0/24 和 172.31.12.0/24 网段扩展现有网络地址范围。

项目13
DNS服务配置与管理

学习目标

- 了解域名解析服务基本概念
- 掌握配置DNS服务器参数的方法
- 掌握DNS故障排除方法

素质目标

- 形成严谨踏实的工作作风
- 提高学生的综合应用能力

13.1 项目描述

小明所在公司部署了大量的业务系统，各部门员工只能通过 IP 地址访问各系统，不同的 IP 地址很容易混淆，并且不方便记忆。IT 部门需要对现有系统进行改造，小明作为数据中心系统工程师，需要部署 DNS 服务器，提供将域名转换成 IP 地址的功能，各部门员工可以通过域名访问企业内部管理系统、OA 系统、人事系统、财务系统和邮件系统等；同时部署从域名服务器，实现域名解析的数据备份和负载均衡。

本项目主要介绍 DNS 服务的实施和管理方法，主域名服务器和从域名服务器参数设定方法，并通过 DNS 工具查询和验证域名解析服务使用情况。

13.2 知识准备

13.2.1 DNS 服务简介

域名系统（Domain Name System，DNS）是互联网的一项服务。它作为一个将域名和 IP 地址相互映射的分布式数据库，能够使人更方便地访问互联网。DNS 是互联网核心协议之一，不管是上网浏览还是编程开发，都需要了解和掌握。DNS 的作用非常简单，就是根据域名查出 IP

地址。我们可以把域名系统想象成一个巨大的地址簿，在访问互联网网站的时候，我们一般记得住网站的名称，但是很难记住网站的 IP 地址，因此需要这个地址簿，即 DNS 服务。

如果要访问域名 rhce.example.com，首先要通过 DNS 服务查出它的 IP 地址是200.101.10.28。由此可见，DNS 服务在日常生活中非常重要。每个人上网都需要用到它，但同时，这对 DNS 服务器也是非常大的挑战，一旦服务器出了故障，整个互联网都将瘫痪。另外，上网的人分布在世界各地，如果大家都同时访问某一台服务器，时延将会非常大。因此，DNS 服务器一定要设置成高可用、高并发和分布式的架构。DNS 树状层次结构如图 13-1 所示。

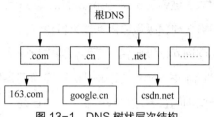

图 13-1　DNS 树状层次结构

DNS 由各式各样的 DNS 软件驱动，提供 DNS 服务的软件有很多，常见的 DNS 软件有Dnsmasq 和 BIND。

Dnsmasq 是一个开源的轻量级 DNS 转发和 DHCP、TFTP 服务器，使用 C 语言编写。Dnsmasq 针对家庭局域网等小型局域网设计，资源占用低，易于配置，支持的平台包括 Linux、BSD、IP-Cop、Android openwrt 路由器系统等。

Berkeley Internet Name Domain Service（BIND）是 20 世纪 80 年代由加州大学伯克利分校计算机系统研究小组编写开发的，目前由互联网系统协会（Internet Systems Consortium，ISC）负责开发与维护。它是一款实现 DNS 服务器的开放源码软件。它已经成为世界上使用极为广泛的 DNS 服务器软件，目前互联网上半数以上的 DNS 服务器都是用 BIND 来架设的，它已经成为 DNS 事实上的标准。

除了 BIND 主程序外，针对 Linux 平台还提供了 bind-chroot 与 bind-utils 软件包，bind-chroot 软件包的主要功能是使 BIND 软件运行在 chroot 模式下，以提高系统安全性；bind-utils 软件包提供了一些 DNS 查询工具，常见的 DNS 查询工具有 host、nslookup、dig 等。

13.2.2　DNS 服务解析流程

为了提高 DNS 的解析性能，很多网络都会就近部署 DNS 缓存服务器。接下来将介绍 DNS服务器解析的工作过程。

（1）客户端发出一个 DNS 请求。在 Web 浏览器中输入 "http://www.163.com"，Web 浏

览器将域名解析请求提交给客户端上的 DNS 软件。DNS 软件随即将请求发给本地 DNS 服务器，本地 DNS 服务器由网络服务提供商（Internet Service Provider，ISP），如电信、移动等自动分配。

（2）本地 DNS 服务器收到来自客户端的请求，在服务器上缓存了一张域名与对应 IP 地址的大表格。如果能找到 www.163.com，它就直接返回 IP 地址。如果没有找到记录，本地 DNS 服务器会继续向根域名服务器请求查询。

（3）根域名服务器作为最高层次的域名服务器，不直接用于域名解析。它在收到来自本地 DNS 服务器的请求后，发现请求的域名后缀是.com。www.163.com 这个域名由.com 区域管理，因此根域名服务器通知本地服务器向顶级域名服务器进行查询。

（4）本地 DNS 服务器转向询问顶级域名服务器，请求查询 www.163.com 的 IP 地址。顶级域名服务器发现请求的域名是 163.com，通知本地 DNS 服务器向权威域名服务器进行解析。

（5）本地 DNS 服务器转向询问权威域名服务器，请求查询 www.163.com 的 IP 地址，权威域名服务器查询后，将对应的 IP 地址告诉本地 DNS 服务器。

（6）本地 DNS 服务器再将 IP 地址返回客户端，客户端和目标地址建立连接。

至此，我们完成了 DNS 的解析过程，DNS 解析过程如图 13-2 所示。

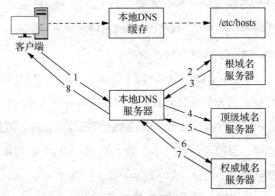

图 13-2　DNS 解析过程

DNS 解析服务是用于解析域名与 IP 地址对应关系的服务，功能上可以实现正向解析与反向解析。

- 正向解析：根据主机名（域名）查找对应的 IP 地址。
- 反向解析：根据 IP 地址查找对应的主机名（域名）。

DNS 查询时还会分为递归查询与迭代查询，DNS 服务器类型和作用如表 13-1 所示。

- 递归查询（Iterative Query）：用于客户机向 DNS 服务器查询。
- 迭代查询（Recursive Query）：用于 DNS 服务器向其他 DNS 服务器查询。

表 13-1　DNS 服务器类型和作用

DNS 服务器类型	作用
根 DNS 服务器	返回顶级域 DNS 服务器的 IP 地址
顶级域 DNS 服务器	返回权威 DNS 服务器的 IP 地址
权威 DNS 服务器	返回相应主机的 IP 地址

13.2.3　DNS 资源记录类型

域名与 IP 之间的对应关系称为"记录"（record）。DNS 资源记录（Resource Records，RR）是 DNS 区域中的条目，用于指定有关该区域中某个特定名称或对象的信息，根据使用场景，"记录"可以分成不同的类型（type），一个资源记录包含 type、TTL、class 和 data 等字段，并且按以下格式组织，资源记录字段及作用如表 13-2 所示。

owner-name	TTL	class	type	data
www.example.com.	300	IN	A	192.168.1.10

表 13-2　资源记录字段及作用

字段名	作用
owner-name	该资源记录的名称
TTL	资源记录的生存时间（秒），指定 DNS 解析器应缓存此记录的时间长度
class	记录的"类"，IN 表示 Internet
type	此记录存储的信息的排序。例如，A 记录将主机名映射到 IPv4 地址
data	此记录存储的数据。确切格式根据记录类型的不同而不同

域名系统是一个将域名和 IP 地址相互映射的分布式数据库，能够使人更方便地访问互联网。在域名系统的资源记录类型中，不同的记录类型有着不同的用途。DNS 重要的资源记录类型及作用如表 13-3 所示。

表 13-3　DNS 重要的资源记录类型及作用

资源记录类型	作用
A（IPv4 地址）记录	A 记录将主机名映射到 IPv4 地址
AAAA（IPv6 地址）记录	AAAA 记录（四 A 记录）将主机名映射到 IPv6 地址
CNAME（规范名称）记录	CNAME 记录将一个记录别名化为另一个记录（规范名称），其中应具有 A 或 AAAA 记录。当 DNS 解析器收到 CNAME 记录作为查询的响应时，DNS 解析器将使用规范名称（而非原始名称）重新发出查询
PTR（指针）记录	PTR 记录将 IPv4 或 IPv6 地址映射到主机名。它们用于 DNS 反向解析
MX 记录	MX 记录将域名映射到邮件交换，后者将接收该名称的电子邮件

续表

资源记录类型	作用
NS（名称服务器）记录	NS 记录将域名映射到 DNS 名称服务器，用于标识区域的 DNS 服务器，表明负责此 DNS 区域的权威名称服务器，即哪一台 DNS 服务器来解析该区域。一个区域可能有多条 NS 记录，例如 zz.com 可能有一个主服务器和多个从服务器。区域的每个公开权威名称服务器必须具有 NS 记录
TXT（文本）记录	TXT 记录用于将名称映射到任何人可读的文本，通常用于提供由发送方策略框架（SPF）、域密钥识别邮件（DKIM）、基于域的消息身份验证、报告和一致性（DMARC）等使用的数据
SOA（授权起始）记录	SOA 记录提供了有关 DNS 区域工作方式的信息。用于一个区域的开始，SOA 记录后的所有信息均是用于控制这个区域的。每个区域数据库文件都必须包括一个 SOA 记录，并且必须是其中的第一个资源记录，用以标识 DNS 服务器管理的起始位置，SOA 说明能解析这个区域的 DNS 服务器中哪个是主服务器

SOA 记录数据元素及作用如表 13-4 所示。

表 13-4　SOA 记录数据元素

数据元素	作用
Master nameserver	名称服务器的主机名，该名称服务器是域信息的原始来源，并且可能会接受动态 DNS 更新（如果区域支持）
RNAME	DNS 区域负责人的电子邮件地址（hostmaster）。电子邮件地址中的@将替换为 RNAME 中的.。例如，电子邮件地址 hostmaster@example.com 写为 hostmaster.example.com
Serial number	区域的版本号，随着对区域记录的任何更改而增加
Refresh	从服务器应检查区域更新的频率（以秒为单位）
Retry	从服务器在重试失败的刷新之前等待的时间（秒）
Expiry	如果刷新失败，从服务器在停止使用其旧的区域副本响应查询之前应等待的时间（秒）

13.3　项目实施

13.3.1　安装 DNS 软件

（1）安装 DNS 服务组件。

DNS 组件包含多个软件包，主要的软件包有 bind、bind-chroot、bind-utils。

```
[root@server ~]# yum –y install bind bind-chroot   bind-utils
```

（2）启动并启用 DNS 服务。

安装 DNS 组件后，由 bind 软件包提供 DNS 服务，DNS 服务名为 named。

```
[root@server ~]# systemctl start named
[root@server ~]# systemctl enable named
```

（3）设置防火墙规则。

将 DNS 服务添加到防火墙规则中，允许 DNS 提供域名解析服务。

```
[root@server  ~]# firewall-cmd --permanent –add-service=dns
[root@server  ~]# firewall-cmd --reload
```

13.3.2　主域名服务器配置

bind 服务程序配置文件主要分为主配置文件和区域配置文件。主配置文件包括很多使用花括号括起来的定义语句，在定义语句中可以设置多个参数，主配置文件的核心功能就是定义域，以及定义区域配置文件的位置。区域配置文件存储具体的域名与 IP 之间的解析记录，DNS 通过读取配置文件来应答客户端的查询请求。bind 服务程序配置文件及作用如表 13-5 所示。

V13-1　主域名
服务器配置

表 13-5　bind 服务程序配置文件及作用

文件	作用
区域配置文件（/etc/named.rfc 1912.zones）	用来保存域名和 IP 地址对应关系所在位置的文件，类似于书籍的目录，对应着每个域和 IP 地址段具体所在的位置，当需要查看或修改的时候根据里面的位置找到相关文件即可
数据配置文件目录（/var/named）	用来保存域名和 IP 地址真实对应关系的目录，我们将需要为用户解析的域、IP 地址段关系文件放置在该目录下即可
主配置文件（/etc/named.conf）	用于定义 bind 服务程序的运行参数
主程序文件（/usr/sbin/named）	bind 组件的安装位置

（1）编辑主配置文件。

在主配置文件中，修改 DNS 服务监听参数和地址解析参数。

```
[root@rhce  ~]# vim /etc/named.conf
options {
#将下行中的 127.0.0.1 修改为 any，代表允许监听任何 IP 地址
11 listen-on port 53 { 127.0.0.1; }; --->listen-on port 53 { any; };
12 listen-on-v6 port 53 { ::1; };
directory "/var/named";
dump-file "/var/named/data/cache_dump.db";
#将下行中的 localhost 修改为 any，代表允许任何主机查询
17 allow-query { localhost; }; ---> allow-query { any; };
#此文件内定义了全球 13 个根 DNS 服务器的 IP 地址
zone "." IN {
type hint;
file "named.ca";
};
[root@server named]# pwd
```

```
/var/named
[root@server named]# ls
chroot    dynamic    named.empty         named.loopback
data      named.ca   named.localhost     slaves
```

（2）编辑区域配置文件。

为了避免经常修改主配置文件 named.conf 而导致 DNS 服务出错，可以将规则的区域信息保存在/etc/named.rfc1912.zones 文件中。

该文件用于定义域名与 IP 地址解析规则保存的文件位置，以及区域服务类型等内容，而不是往里面写入具体的域名、IP 地址对应关系等信息。

服务类型包括 3 种，分别为 hint（根区域）、master（主区域）、slave（辅助区域），其中常用的 master 和 slave 就是主服务器和从服务器的意思。

```
[root@server  ~ ]# cd /var/named/
[root@server named]# ls -al named.localhost
-rw-r-----. 1 root named 152 Jun 21 2007 named.localhost
[root@server named]# cp -a named.localhost  rhcc.com.zone
[root@server named]# ll /var/named/rhcc.com.zone
-rw-r-----. 1 root named 269 Aug 12 06:40 /var/named/rhcc.com.zone
```

注意 rhcc.com.zone 文件的所属组是 named 组，不是 root 组。复制的时候如果不使用–a 参数，rhcc.com.zone 复制后所有者和所属组都是 root，会造成 DNS 服务无法解析 rhcc.com.zone 配置文件。

```
[root@server named]# vim /var/named/rhce.com.zone
$TTL 1D
@ IN SOA rhce.com.       root.rhce.com. (
     0 ; serial
     1D ; refresh
     1H ; retry
     1W ; expire
     3H ) ; minimum
          NS       ns.rhce.com.
ns      IN      A       192.128.100.1
        IN      MX  10  mail.rhce.com.
mail    IN      A       192.168.100.1
www     IN      A       192.168.100.1
bbs     IN      A       192.168.100.1
```

（3）重启 DNS 服务。

重启 DNS 服务守护进程 named，使配置参数立即生效。

```
[root@server named]# systemctl restart named
```

（4）添加防火墙规则。

DNS 默认的协议是 TCP 与 UDP，DNS 服务启动以后会占用 53 端口号。因此需要添加防火墙规则，以允许 DNS 服务使用 53 端口。

```
[root@server named]# firewall-cmd --permanent --add-service=dns
[root@server named]# firewall-cmd --permanent --add-port=53/tcp
[root@server named]# firewall-cmd --permanent --add-port=53/udp
[root@server named]# fireall-cmd --reload
```

13.3.3　从域名服务器配置

部署从域名服务器的目的是防止出现单点故障，实现主/从服务器的负载均衡。如果主域名服务器宕机，将导致所有客户端的地址解析出现问题。而且为了满足大规模的 DNS 查询请求，可以创建多个 DNS 服务器实现负载均衡。从域名服务器可以从主域名服务器上下载数据文件，如果主域名服务器修改了数据文件参数，从域名服务器可以自动同步数据。

V13-2　从域名
服务器配置

（1）修改主服务器配置文件，设置主/从服务器配置参数。

```
[root@server  ~]# vi /etc/named.conf
options {
        listen-on port 53 { any; };
        listen-on-v6 { any; };
        directory         "/var/named";
        dump-file         "/var/named/data/cache_dump.db";
        statistics-file "/var/named/data/named_stats.txt";
        memstatistics-file "/var/named/data/named_mem_stats.txt";
        secroots-file     "/var/named/data/named.secroots";
        recursing-file  "/var/named/data/named.recursing";
        allow-query       { localhost; internal-network; };
        # add secondary server to allow to transfer zone files
        allow-transfer   { localhost; 192.168.100.85; };
```

（2）编辑主服务器区域配置文件。

```
[root@server  ~]# vi /var/named/example.com.wan
$TTL 86400
@   IN  SOA       example.com. root.example.com. (
        # update serial if update zone file
        2019100303   ;Serial
        3600         ;Refresh
        1800         ;Retry
```

167

```
        604800          ;Expire
        86400           ;Minimum TTL
)
        IN  NS          example.com.
        # add secondary server
        IN  NS          ns.server.education.
        IN  A           172.16.0.82
        IN  MX 10       example.com.
dlp     IN  A           172.16.0.82
www     IN  A           172.16.0.83
```

（3）重启主服务器 DNS 服务，使配置参数立即生效。

```
[root@server ~]# systemctl restart named
```

（4）修改从服务器配置文件，设置从服务器 DNS 解析参数。

```
[root@secondary ~]# vi /etc/named.conf
# add target zone info
# for IP address, it's the Master server's IP address
zone "example.com" IN {
        type slave;
        masters { 172.16.0.82; };
        file "slaves/example.com.wan";
        notify no;
};
```

（5）重启从服务器 DNS 服务，使配置参数立即生效。

```
[root@secondary ~]# systemctl restart named
```

（6）查看从服务器同步数据文件，验证主/从服务器数据是否同步。

```
[root@secondary ~]# ls /var/named/slaves
example.com.wan     # zone file transfered
```

13.3.4　反向域名解析配置

在计算机网络中，反向 DNS 查询是指查询域名系统来确定 IP 地址关联的域名的技术。反向解析的作用是将用户提交的 IP 地址解析为对应的域名信息，反向 DNS 查询的过程使用 PTR 记录，互联网的反向 DNS 数据库植根于.arpa 顶级域名。

反向解析一般用于对某个 IP 地址上绑定的所有域名进行整体屏蔽，屏蔽由某些域名发送的垃圾邮件。反向解析参数如图 13-3 所示。

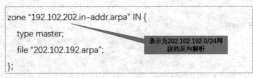

图 13-3　反向解析参数

（1）编辑区域配置文件，设置反向解析参数。

```
[root@server ~]# vim /etc/named.rfc1912.zones
zone "example.com" IN {
type master;
file "example.com.zone";
allow-update {none;};
};
zone "10.168.192.in-addr.arpa" IN {
type master;
file "192.168.10.arpa";
};
```

（2）编辑数据配置文件，设置反向解析参数。

从/var/named 目录下复制一份反向解析的模板文件（named.loopback），修改该反向解析
配置文件，其中 IP 地址仅需要写主机位。

```
[root@server ~]# cp -a named.loopback 192.168.10.arpa
[root@server ~]# vim 192.168.10.arpa
$TTL 1D
@    IN SOA   example.com. root.example.com. (
0;serial
1D;refresh
1H;retry
1W;expire
3H);minimum
NS   ns.example.com.
ns   A    192.168.10.10
10   PTR ns.example.com.    #PTR 为指针记录，仅用于反向解析中。
10   PTR mail.example.com.
10   PTR www.example.com.
20   PTR bbs.example.com.
```

（3）重启 DNS 服务，使配置参数立即生效。

```
[root@server ~]# systemctl restart named
```

13.3.5 DNS 查询和验证

（1）在 Linux 系统中编辑/etc/resolv.conf 文件，设置 DNS 服务器地址
参数。

```
[root@client ~]# vi /etc/resolv.conf
nameserver    172.31.10.254
nameserver    172.31.11.254
search        example.com
```

V13-3 DNS
查询和验证

nameserver 参数指明域名服务器的 IP 地址，也可以设置多个 DNS 服务器，域名解析时按照文件中指定的顺序进行域名解析，只有当第一个 DNS 服务器没有响应时才向下面的 DNS 服务器发出域名解析请求。Search 参数用于指明域名搜索顺序，当查询没有域名后缀的主机名时，将会自动附加由 search 指定的域名。

（2）使用 dig 命令查询 DNS 解析。dig 命令+trace 参数用于显示 DNS 的整个分级查询过程，查询到的信息字段内容如表 13-6 所示。

```
[root@server ~]# dig +trace www.baidu.com
;; Invalid option
; <<>> DiG 9.9.4-RedHat-9.9.4-29.el7 <<>> + trace www.baidu.com
;; global options: +cmd
;; Got answer:
;; ->>HEADER<<- opcode: QUERY, status: NXDOMAIN, id: 9325
;; flags: qr aa rd ra; QUERY: 1, ANSWER: 0, AUTHORITY: 1, ADDITIONAL: 1
;; OPT PSEUDOSECTION:
; EDNS: version: 0, flags:; udp: 4096
;; QUESTION SECTION:
;trace.                          IN    A
;; AUTHORITY SECTION:
. 1800    IN   SOAa.root-servers.net.   nstld.verisign-grs.com.   2021032800   1800   900
604800 86400
;; Query time: 1 msec
;; SERVER: 202.102.192.68#53(202.102.192.68)
;; WHEN: 一 3月 29 00:21:29 CST 2021
;; MSG SIZE   rcvd: 109
;; Got answer:
;; ->>HEADER<<- opcode: QUERY, status: NOERROR, id: 19089
;; flags: qr rd ra; QUERY: 1, ANSWER: 3, AUTHORITY: 5, ADDITIONAL: 5
;; QUESTION SECTION:
;www.baidu.com.                  IN    A
;; ANSWER SECTION:
www.baidu.com.          900 IN   CNAME  www.a.shifen.com.
www.a.shifen.com. 900  IN   A    14.215.177.38
www.a.shifen.com. 900  IN   A    14.215.177.39
;; AUTHORITY SECTION:
a.shifen.com.       929 IN   NS  ns1.a.shifen.com.
a.shifen.com.       929 IN   NS  ns5.a.shifen.com.
a.shifen.com.       929 IN   NS  ns4.a.shifen.com.
a.shifen.com.       929 IN   NS  ns3.a.shifen.com.
a.shifen.com.       929 IN   NS  ns2.a.shifen.com.
;; ADDITIONAL SECTION:
```

```
ns2.a.shifen.com.    499  IN    A    220.181.33.32
ns3.a.shifen.com.    929  IN    A    112.80.255.253
ns4.a.shifen.com.    48   IN    A    14.215.177.229
ns5.a.shifen.com.    48   IN    A    180.76.76.95
ns1.a.shifen.com.    238  IN    A    110.242.68.42
;; Query time: 3 msec
;; SERVER: 202.102.192.68#53(202.102.192.68)
;; WHEN: 一 3月 29 00:21:29 CST 2021
;; MSG SIZE   rcvd: 260
```

表 13-6　查询到的信息字段内容

字段	内容
第一段	列出根域名的所有 NS 记录，即所有根域名服务器。根据内置的根域名服务器 IP 地址，DNS 服务器向所有这些 IP 地址发出查询请求，询问 www.baidu.com 的顶级域名服务器.com 的 NS 记录。最先回复的根域名服务器将被缓存，以后只向这台服务器发出请求
第二段	结果显示.com 域名的 13 条 NS 记录，同时返回的还有每一条记录对应的 IP 地址
第三段	DNS 服务器向这些顶级域名服务器发出查询请求，询问 www.baidu.com 的次级域名 baidu.com 的 NS 记录。结果显示 baidu.com 有 5 条 NS 记录，同时返回的还有每一条 NS 记录对应的 IP 地址
第四段	DNS 服务器向上面这 5 个 NS 服务器查询 www.baidu.com 的主机名。 结果显示，www.baidu.com 有 5 条 A 记录，即这 5 个 IP 地址都可以访问到网站。结果还显示，最先返回结果的 NS 服务器是 ns1.baidu.com，IP 地址为 202.108.22.220

（3）使用 dig 命令查看 DNS 服务解析的 NS 记录。

```
[root@ftp ~]# dig ns com
; <<>> DiG 9.9.4-RedHat-9.9.4-29.el7 <<>> ns com
;; global options: +cmd
;; Got answer:
;; ->>HEADER<<- opcode: QUERY, status: NOERROR, id: 27122
;; flags: qr rd ra; QUERY: 1, ANSWER: 13, AUTHORITY: 0, ADDITIONAL: 1

;; OPT PSEUDOSECTION:
; EDNS: version: 0, flags:; udp: 4096
;; QUESTION SECTION:
;com.      IN NS

;; ANSWER SECTION:
com.    161382 IN NS i.gtld-servers.net.
com.    161382 IN NS f.gtld-servers.net.
com.    161382 IN NS d.gtld-servers.net.
com.    161382 IN NS g.gtld-servers.net.
com.    161382 IN NS c.gtld-servers.net.
com.    161382 IN NS h.gtld-servers.net.
com.    161382 IN NS a.gtld-servers.net.
```

```
com.     161382 IN NS l.gtld-servers.net.
com.     161382 IN NS m.gtld-servers.net.
com.     161382 IN NS e.gtld-servers.net.
com.     161382 IN NS j.gtld-servers.net.
com.     161382 IN NS k.gtld-servers.net.
com.     161382 IN NS b.gtld-servers.net.


;; Query time: 4 msec
;; SERVER: 202.102.192.68#53(202.102.192.68)
;; WHEN: 一 8月 12 23:11:39 CST 2019
;; MSG SIZE   rcvd: 256
```

（4）使用 dig 命令+short 参数查询 DNS 解析。

```
[root@ftp ~]# dig + short ns com
;; Invalid option
; <<>> DiG 9.9.4-RedHat-9.9.4-29.el7 <<>> + short ns com
;; global options: +cmd
;; Got answer:
;; ->>HEADER<<- opcode: QUERY, status: NXDOMAIN, id: 14127
;; flags: qr aa rd ra; QUERY: 1, ANSWER: 0, AUTHORITY: 1, ADDITIONAL: 1
;; OPT PSEUDOSECTION:
; EDNS: version: 0, flags:; udp: 4096
;; QUESTION SECTION:
;short.     IN NS
;; AUTHORITY SECTION:
. 10800 IN SOA a.root-servers.net. nstld.verisign-grs.com. 2019081200 1800 900 604800
86400
;; Query time: 1266 msec
;; SERVER: 202.102.192.68#53(202.102.192.68)
;; WHEN: 一 8月 12 23:10:53 CST 2019
;; MSG SIZE   rcvd: 109
;; Got answer:
;; ->>HEADER<<- opcode: QUERY, status: NOERROR, id: 49167
;; flags: qr rd ra; QUERY: 1, ANSWER: 0, AUTHORITY: 1, ADDITIONAL: 0
;; QUESTION SECTION:
;com.     IN A
;; AUTHORITY SECTION:
com.     900 IN SOA a.gtld-servers.net. nstld.verisign-grs.com. 1565617644 1800 900
604800 86400
;; Query time: 2 msec
;; SERVER: 202.102.192.68#53(202.102.192.68)
;; WHEN: 一 8月 12 23:10:53 CST 2019
;; MSG SIZE   rcvd: 94
```

（5）使用 nslookup 命令查询 DNS 解析记录。

```
[root@server ~]# nslookup
> www.baidu.com
Server:    202.102.192.68
Address: 202.102.192.68#53
Non-authoritative answer:
www.baidu.com canonical name = www.a.shifen.com.
Name: www.a.shifen.com
Address: 180.101.49.12
Name: www.a.shifen.com
Address: 180.101.49.11
```

（6）使用 host 命令查询 DNS 逆向解析记录。

```
[root@server ~]# host 192.30.252.153
153.252.30.192.in-addr.arpa domain name pointer lb-192-30-252-153-iad.github.com.
```

13.4 项目实训

【实训任务】

本实训的主要任务是部署 DNS 服务，为局域网中的计算机提供域名解析服务。DNS 服务器管理 example.com 域的域名解析，DNS 服务器的域名为 rhce.example.com，IP 地址为 172.31.100.253。从 DNS 服务器的 IP 地址为 172.31.101.253。

【实训目的】

（1）理解 DNS 正向解析工作过程。

（2）掌握主域名服务器的配置与管理方法。

（3）掌握从域名服务器的配置与管理方法。

（4）掌握 DNS 客户端配置与查询验证方法。

【实训内容】

（1）在 CentOS 7 或者 CentOS 8 中，安装 bind 和 bind-chroot 组件。

（2）编辑区域文件/etc/named.rfc1912.zones 和数据文件参数，配置 DNS 服务器。

（3）创建正向解析数据文件，设置正向解析参数。

（4）创建逆向解析数据文件，设置逆向解析参数。

（5）配置 Linux 客户端参数，测试和验证 DNS 解析。

项目练习题

（1）包含区域的权威信息（如电子邮件联系人，以及用于配置主/从 DNS 服务器之间的交互的值），使用的资源记录类型为（   ）。

（2）将主机名映射到 IPv4 地址，使用的资源记录类型为（   ）。

（3）识别区域的权威名称服务器，使用的资源记录类型为（   ）。

（4）将主机名映射到 IPv6 地址，使用的资源记录类型为（   ）。

（5）标识负责接收域的电子邮件的邮件交换，使用的资源记录类型为（   ）。

（6）启用 IP 地址到主机名的反向 DNS 查询，使用的资源记录类型为（   ）。

（7）在企业内部部署 DNS 服务器，为企业网内部终端提供域名解析服务。主 DNS 服务器域名为 master.example.com，IP 地址为 172.31.1.1；从 DNS 服务器的 IP 地址为 172.31.1.2。需要提供解析服务的域名为 www.example.com、mail.example.com、oa.example.com、department.example.com。

项目14
Web服务配置与管理

14

学习目标

- 了解Web服务、HTTP和HTTPS基本概念
- 掌握Apache HTTPD虚拟机主机配置方法
- 掌握Nginx虚拟机主机配置方法
- 掌握HTTPS安全配置方法

素质目标

- 提高学生的团队协作精神
- 提升学生的灵活应变能力

14.1 项目描述

小明所在公司因业务需求打算开发内部管理系统，计划采用 B/S 架构部署 Web 服务器。小明作为数据中心系统工程师制定了 Web 系统部署方案，使用 Apache HTTPD 和 Nginx 程序配置基于 IP、域名和端口的虚拟主机站点，实现企业内部各 Web 服务器的在线访问和运行。为了提高 Web 站点的安全性，配置 Apache HTTPD 提供基于 SSL/TLS 的加密算法来加密虚拟主机，实现 HTTPS 安全访问。

本项目主要介绍 Apache 服务器的实施和管理、Nginx 服务器的实施和管理，以及基于 IP、域名、端口的虚拟站点的参数配置方法。

14.2 知识准备

14.2.1 Web 服务简介

1. HTTP 简介

HTTP 在日常生活中随处可见，无论是使用各种设备联网，还是看直播、看短视频、听音乐、玩游戏，总会有 HTTP 在默默为你服务。据 NetCraft 公司统计，目前全球至少有 16 亿个网站、

两亿多个独立域名，而这个庞大网络世界的底层运转机制就是 HTTP。

20 世纪 60 年代，美国国防部高级研究计划署（Advanced Research Project Agency，ARPA）建立了 ARPA 网，它有 4 个分布在各地的节点，被认为是如今互联网的"始祖"。然后，在 20 世纪 70 年代，基于对 ARPA 网的实践和思考，研究人员发明了著名的 TCP/IP。由于具有良好的分层结构和稳定的性能，TCP/IP 迅速战胜其他竞争对手流行起来，并在 20 世纪 80 年代中期进入了 UNIX 系统内核，促使更多的计算机接入了互联网。

1989 年，任职于欧洲核子研究中心（European Organization for Nuclear Research，CERN）的蒂姆·伯纳斯·李（Tim Berners-Lee）发表了一篇论文，提出了在互联网上构建超链接文档系统的构想，这篇论文中确立了以下 3 项关键技术。

- URI：统一资源标识符，作为互联网上资源的唯一身份。
- HTML：超文本标记语言，描述超文本文档。
- HTTP：超文本传输协议，用来传输超文本。

这 3 项技术如今看来已经是稀松平常，但在当时却是了不得的大发明。基于它们，就可以把超文本系统运行在互联网上，让各地的人们能够自由地共享信息，蒂姆把这个系统称为"万维网"（World Wide Web，WWW），也就是我们现在所熟知的互联网。

20 世纪 90 年代初期的互联网非常简陋，计算机处理能力低、存储容量小，网速也很慢。网络上绝大多数的资源都是纯文本，很多通信协议也都使用纯文本，所以 HTTP 的设计也不可避免地受到了时代的限制。这一时期的 HTTP 被定义为 0.9 版，其结构比较简单，为了便于服务器和客户端处理，也采用了纯文本格式。

1993 年，美国国家超级计算机应用中心（National Center for Supercomputer Applications，NCSA）开发出了 Mosaic，它是第一个可以图文混排的浏览器。随后，NCSA 又在 1995 年开发出了服务器软件 Apache，简化了 HTTP 服务器的搭建工作。

同一时期，计算机多媒体技术也有了新的发展，1992 年 JPEG 图像格式诞生，1995 年 MP3 音乐格式诞生。这些新软件和新技术一经推出立刻就吸引了广大网民，更多的人开始使用互联网，研究 HTTP 并提出改进意见，甚至试验性地往协议里添加各种特性，从用户需求的角度促进了 HTTP 的发展。在这些实践的基础上，经过一系列的改进，HTTP/1.0 版本终于在 1996 年正式发布。

2. Web 服务器

刚才说的浏览器是 HTTP 里的请求方，那么在协议另一端的应答方（响应方）就是 Web 服务器，即 Web Server。Web 服务器作为 HTTP 里响应请求的主体，通常也把控着绝大多数的网络资源，在网络世界里处于强势地位。当谈到 Web 服务器时，有两个层面的含义，一个是硬件，另一个是软件。

硬件意义上的 Web 服务器就是物理形式或"云"形式的机器，在大多数情况下它可能不是一个服务器，而是利用反向代理、负载均衡等技术组成的庞大集群。从外界看来，它仍然表现为一台机器，但这个形象是"虚拟的"。

软件意义上的 Web 服务器就是提供 Web 服务的应用程序，通常会运行在硬件意义的服务器上。它利用强大的硬件能力响应大量的客户端 HTTP 请求，处理磁盘上的网页、图片等静态文件，或者把请求转发给后台的 Tomcat、Node.js 等业务应用，返回动态的信息。

目前市面上主流的 Web 服务器软件有两种，分别是 Apache 和 Nginx，两者合计占据了近90%的市场份额。

Apache 是老牌的服务器，功能相当完善，相关的资料很多，学习门槛低，是许多创业者建站的首选。

Nginx 是 Web 服务器的"后起之秀"，自 2004 年推出后就不断抢占 Apache 的市场份额。它虽然比 Apache 小了近 10 岁，但增长速度十分迅猛，已经达到了与 Apache"平起平坐"的地位，其特点是高性能、高稳定性，且易于扩展，在高流量的网站里更是不二之选；在 2019 年Top Million 网站中更是超过了 Apache，拥有超过 50%的用户。

此外，还有 Windows 平台上的 IIS、Java 平台上的 Jetty 和 Tomcat 等，因为性能不是很高，所以在互联网上应用得较少。

14.2.2　Apache Web Server 简介

Apache HTTP 是使用得最多的 Web 服务器之一。Web 服务器是一个用 HTTP 进行交流的守护进程，HTTP 是一个基于文本的协议，用于通过网络连接来发送和接收对象。

HTTP 通过网络以明文形式发送数据，默认情况下使用 80/tcp 端口（也可以使用其他端口）。HTTP 还有一个经过 SSL/TLS 加密的版本，即 HTTPS，默认情况下使用端口 443/tcp。

尽管 HTTP 起初看上去很简单，但要实施全部现有内容（包括安全措施、支持未完全遵循标准的客户端以及支持动态生成的页面等）并不是一件容易的工作。这就是为何大部分应用程序开发者不自己编写 Web 服务器，而是编写应用程序，然后将应用程序部署在 Apache HTTPD 之类的 Web 服务器上，再去运行这些应用程序。

Apache 官网提供了相关文档手册，官方手册是配置 Apache HTTPD 时的重要参考资源。Apache Web 网站架构如图 14-1 所示。

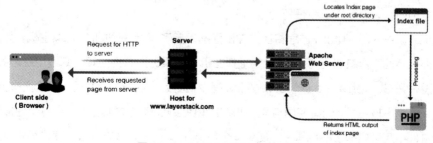

图 14-1　Apache Web 网站架构

14.2.3　Nginx Web Server 简介

Nginx 是异步框架的网页服务器，也可以用作反向代理、负载平衡器和 HTTP 缓存器。该软件由伊戈尔·赛索耶夫（Igor Sysoev）创建并于 2004 年首次公开发布，2011 年成立同名公司以提供支持。2019 年 3 月 11 日，Nginx 公司被 F5 Networks 公司以 6.7 亿美元收购。

Nginx 是免费的开源软件，根据类 BSD 许可证的条款发布。大部分的 Web 服务器通常将 Nginx 作为负载均衡器。

Nginx 是一款面向性能设计的 HTTP 服务器，相较于 Apache、Lighttpd，具有占内存少、稳定性高等优势。与旧版本的 Apache 不同，Nginx 不采用每个客户机一个线程的设计模型，而是充分使用异步逻辑，从而削减了上下文调度开销，所以并发服务能力更强。Nginx 整体采用模块化设计，有丰富的模块库和第三方模块库，配置灵活。

14.2.4　虚拟主机简介

1．虚拟主机基本概念

虚拟主机指服务器基于用户请求的不同 IP 地址、主机域名或端口号实现多个网站同时为外部提供访问服务的技术，用户请求的资源不同，最终获取到的网页内容也就各不相同。

虚拟主机是互联网服务器采用的节省服务器硬件成本的技术，主要应用于 HTTP、FTP 和 EMAIL 等多项服务，将一台服务器的某项或全部服务内容按逻辑划分为多个服务单位，对外表现为多个服务器，从而充分利用服务器硬件资源。虚拟主机之间完全独立，并由用户自行管理，虚拟并非指不存在，而是指空间是由实体的服务器延伸而来，是一种在单一主机或主机群上，运行多个网站或服务的技术。

2．虚拟主机主要配置参数

虚拟主机是使用主配置文件中的<VirtualHost>块来配置的，为了便于管理，通常不会在 /etc/httpd/conf/http.conf 文件中定义这些虚拟主机块，而是在单独的/etc/httpd/conf.d/中定义单独的.conf 文件。

<VirtualHost>指令的 IP 地址部分可以替换为_default_和*两个通配符中的任意一个，两者的含义完全相同，表示可以配置任何内容。

当某个请求进入时，httpd 进程将首先尝试匹配设置了显示 IP 地址的虚拟主机。如果这些匹配失败，那么将检查具有通配符 IP 地址的虚拟主机。如果仍没有匹配项，则使用主服务器配置。

如果没有为 ServerName 或 ServerAlias 指令找到完全匹配项，并且为请求所来自的 IP/端口组合定义多个虚拟主机，则将使用与某个 IP/端口相匹配的首个虚拟主机，且首个虚拟主机被视为在配置文件中定义虚拟主机的顺序。使用多个*.conf 文件时，将以字母顺序排列这些文件，例如，00-default.conf。Apache 服务主要配置文件内容如表 14-1 所示。

表 14-1　Apache 服务主要配置文件内容

文件	内容
/etc/httpd	服务目录
/etc/httpd/conf/httpd.conf	主配置文件
/var/www/html	网站数据目录
/var/log/httpd/access_log	访问日志
/var/log/httpd/error_log	错误日志

3. http.conf 配置文件参数

http.conf 的基本语法由两部分组成：Key Value 配置指令和类似于 HTML 的<Blockname parameter>块，但后者中嵌入了其他配置指令。块范围之外的键值对会影响整个服务器配置，而块中的指令通常仅应用于块指示的配置的某一部分，或者在满足了块设置的要求时才会应用。httpd.conf 配置文件主要参数及作用如表 14-2 所示。

表 14-2　httpd.conf 配置文件主要参数及作用

参数	作用
ServerRoot"/etc/httpd"	服务目录。指定 httpd 进程将在哪个位置使用相对路径名来查找配置文件中引用的任何文件
Listen 80	告知 httpd 进程在所有接口上开始侦听端口 80/tcp。如果需要侦听特定端口，可以使用 Listen 10.10.10.1:80（对于 IPv4）或 Listen [2001:db8::1]:80（对于 IPv6）。注意，允许多个 listen 指令，但是重叠的 listen 指令会导致错误，使 httpd 进程无法启动
Include conf.modules.d/*.conf	需要加载的其他文件。此指令包括其他文件，就如同这些文件已插入配置文件以代替 Include 语句。如果指定了多个文件，则在包含这些文件之前，将按字母顺序对文件名进行排序。文件名可以是绝对路径，也可以是相对于 ServerRoot 的路径，并且包括通配符（如 *），注意，指定不存在的文件将导致错误，致使 httpd 进程无法启动
User apache	运行服务的用户。指定在运行httpd 进程时应使用的用户。Httpd 进程始终是以 root 用户的身份启动，但是一旦执行了需要 root 特权的操作（例如绑定低于1024 的端口号），则将丢弃特权并且作为非特权用户继续执行。这是一种安全措施
Group apache	运行服务的用户组，指定在运行httpd 进程时应使用的组
<Directory > </Directory> 块	设置指定目录以及所有子目录的配置指令，<Directory > 块中的常见指令包括以下几种。 AllowOverride None：对于按目录的配置设置，将不会查阅 .htaccess 文件，将其设置为任何其他设置都将导致性能损失以及出现无法预测的不安全后果。 Require All Denied：httpd 进程将拒绝提供此目录的内容，当客户端请求时，将返回 403 Forbidden 错误。

参数	作用
<Directory > </Directory > 块	Require All Granted：允许访问此目录。 Options [[+|- OPTIONS]]...：为某个目录开启（或）关闭特定参数。例如，如果请求了某个目录并且该目录下存在 index.html 文件，则 Indexes 参数将显示一个目录列表
DocumentRoot "/var/www/html"	网站数据目录，确定 httpd 进程将搜索请求文件的位置。此处指定的目录可以由 httpd 读取，并且对应的<Directory>块已声明为允许访问
<IfModule dir_module>	仅当加载指定扩展模块时，此块才会应用其内容。在此情况下，会加载 dir_module，因此 DirectoryIndex 指令可用于指定在请求目录时应使用的文件
<Files ".ht*"><Files> 块	运行方式与<Directory>块相同，但此处使用了表示个别（通配符*）文件的参数。在此情况下，块阻止 httpd 进程提供任何安全性敏感的文件，如.htacces 和.htpasswd
ErrorLog "logs/error_log"	指定 httpd 进程应将其遇到的错误记录到的文件位置。由于这是一个相对路径名，前面带有 ServerRoot 指令。在默认配置中，/etc/httpd/logs 是指向/var/log/http/ 的符号链接
CustomLog "logs/access_log" combined	所有访问权限消息的记录的日志位置。CustomLog 指令采用要记录到的文件和使用 LogFormat 指令定义的日志文件格式这两个参数。使用这些指令，管理员可以精确记录其需要的信息。大部分日志解析工具将假定使用默认的 combined 格式
AddDefaultCharset UTF-8	此设置向 text/plain 和 text/html 资源的 Content-Type 报头中添加 charset 部分。可以使用 AddDefaultCharset Off 将其禁用
ServerAdmin root@localhost	管理员邮箱
ServerName site1.example.com	网站服务器的域名，单个<VirtualHost>块中只能有正好零个或一个 ServerName 指令。如果需要将单个虚拟主机用于多个域名，则可以使用一个或多个 ServerAlias 语句
DirectoryIndex	默认的索引页页面
Timeout	网页超时时间，默认为 300 秒

4．基于域名的虚拟主机配置参数

虚拟主机允许单个 HTTPD 服务器为多个域提供内容。基于所连接到的服务器的 IP 地址、HTTP 请求中客户端请求的主机名（或者两者的组合），HTTPD 服务器可以使用不同的配置设置，包括不同的 DocumentRoot。如果需要启动多个（虚拟）计算机来为众多低流量站点提供内容，则通常使用虚拟主机方案。

虚拟主机使用<VirtualHost>块来配置。通常不会在/etc/httpd/conf/httpd.conf 中定义这些虚拟主机块，而是在单独的/etc/httpd/conf.d/的单独.conf 文件中来定义。虚拟主机配置文件参数及作用如表 14-3 所示。

表 14-3　虚拟主机配置文件参数及作用

参数	作用
<VirtualHost 172.31.141.184:80>	<VirtualHost 172.31.141.184:80>是块的主标记，172.31.141. 184:80 向 httpd 进程表明，应该为通过该 IP/端口组合进入的所有连接考虑此块
DocumentRoot /www/ip/web184	DocumentRoot /www/ip/web184 设置了 DocumentRoot、虚拟主机对应的文件系统路径
ServerName　www.rhce.com	用于配置基于名称的虚拟主机。如果为相同的 IP/端口组合声明了多个<VirtualHost>块，那么将使用 ServerName 与客户端 HTTP 请求中发送的 hostname:头匹配的块。单个<VirtualHost>块中只能有正好零个或一个 ServerName 指令。如果需要将单个虚拟主机用于多个域名，则可以使用一个或多个 ServerAlias 语句
ErrorLog "/var/log/httpd/184-error_log"	设置与此虚拟主机相关的所有错误消息日志文件的位置
CustomLog "/var/log/httpd/184-access_log"	设置与此虚拟主机相关的所有访问权限消息日志文件的位置
<Directory /www/ip/web184>	此块提供了对进一步定义的 DocumentRoot 的访问权限

14.2.5　HTTPS 简介

1. HTTPS 基本概念

由于 HTTP 天生具有明文的特点，整个传输过程完全透明，任何人都能够在链路中截获、修改或者伪造请求/响应报文，因此该数据不具有可信性。这对网络购物、网上银行、证券交易等需要高度信任的应用场景来说是非常致命的。如果没有基本的安全保护，使用互联网进行各种电子商务、电子政务就根本无从谈起。

对安全性要求不那么高的新闻、视频、搜索等网站来说，由于互联网上的恶意用户、恶意代理越来越多，因此也很容易遭到"流量劫持"的攻击，在页面里强行嵌入广告，或者分流用户，导致各种利益损失。

HTTPS 的默认端口号为 443，使用的请求/应答模式、报文结构、请求方法、URI、头字段、连接管理等都完全沿用 HTTP。HTTPS 与 HTTP 最大的区别是它能够鉴别危险的网站，并且尽最大可能保证上网安全，防御黑客对信息的窃听、篡改、"钓鱼"、伪造。

HTTPS 可以提供安全的秘密就在于 HTTPS 里的"S"，它把 HTTP 下层的传输协议由 TCP/IP 换成了 SSL/TLS，由"HTTP over TCP/IP"变成了"HTTP over SSL/TLS"，让 HTTP 运行在安全的 SSL/TLS 协议上，收发报文不再使用 Socket API，而是调用专门的安全接口。HTTP 和 HTTPS 结构如图 14-2 所示。

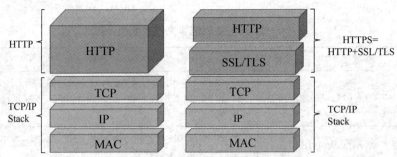

图 14-2　HTTP 和 HTTPS 结构

2. SSL/TLS 基本概念

安全套接层（Secure Sockets Layer，SSL）工作在 OSI 模型中处于第 5 层（会话层），由 Netscape（网景）公司于 1994 年发明，有 v2 和 v3 两个版本（v1 因为有严重的缺陷，所以从未公开过）。SSL 发展到 v3 时已经证明了它是一个非常好的安全通信协议，于是互联网工程任务组（The Internet Engineering Task Force，IETF）在 1999 年把它改名为传输层安全（Transport Layer Security，TLS）并正式标准化，版本号从 1.0 重新算起，所以 TLS1.0 实际上就是 SSLv3.1。

截至目前，TLS 已经发展出了 3 个版本，分别是 2006 年的 1.1、2008 年的 1.2 和 2018 的 1.3，每个版本都紧跟当时密码学的前沿技术和互联网的需求，持续强化安全和性能，已经成为信息安全领域中的权威标准。

目前应用得最广泛的 TLS 版本是 1.2 和 1.3，而之前的版本已经被认为是不安全的版本，各大浏览器在 2020 年左右停止支持。

TLS 由记录协议、握手协议、警告协议、变更密码规范协议、扩展协议等几个子协议组成，综合使用了对称加密、非对称加密、身份认证等许多密码学前沿技术。浏览器和服务器在使用 TLS 建立连接时需要选择一组恰当的加密算法来实现安全通信，这些算法的组合被称为"密码套件"。

3. TLS 证书基本概念

一个证书包含多个部分，包括公钥、服务器身份和证书颁发机构的签名。对应的私钥绝对不会公开，使用私钥加密的任何数据只能通过公钥解密，反之亦然。

在初始"握手"期间，当设置加密连接时，客户端和服务器同意一组由服务器和客户端均支持的加密密码，然后它们交换随机数据的位。客户端使用此随机数据生成会话密钥，这是一个用于更快速的对称加密的密钥，该密钥同时用于加密和解密。为确保此密钥不被泄露，它被发送到使用服务器的公钥（属于服务器证书）加密的服务器。TLS 简化的"握手"过程如图 14-3 所示。

从 TLS 简化的"握手"过程我们可以看出，客户端通过 ClientHello 消息启动与服务器的连接。作为此消息的一部分，客户端发送 32 字节的随机数字，包括时间戳以及客户端支持的加密协议和密码的列表。

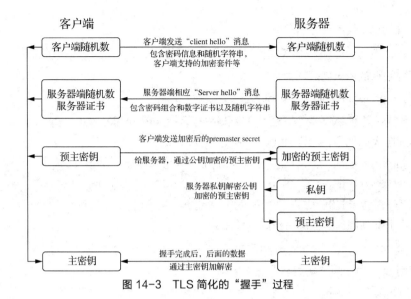

图 14-3　TLS 简化的"握手"过程

服务器以 ServerHello 消息响应，其中包含另一个 32 字节的随机数字，带有时间戳及客户端应使用的加密协议和密码。服务器也会发送服务器证书，其中有公钥、常规服务器身份信息（如FQDN）及来自经过认证的数字证书颁发机构（Certificate Authority，CA）的签名。此证书还可以包含已对该证书签名的所有 CA（直至根 CA）颁发过的公共证书副本。

客户端通过检查提供的身份信息是否匹配，以及验证所有签名，检查这些签名是否由客户端信任的 CA 生成，从而验证服务器证书。

如果证书通过验证，则客户端使用先前交换的随机数字来创建会话密钥。客户端随后使用来自服务器证书的公钥加密此会话密钥，然后使用 ClientKeyExchange 消息将其发送到服务器。

服务器解密会话密钥，然后客户端和服务器均使用会话密钥来加密和解密通过连接发送的所有数据。

14.3　项目实施

14.3.1　安装 Apache 软件

（1）安装 Apache HTTPD 软件包。

```
[root@server ~]# yum install -y httpd
```

（2）启动 httpd 服务，并将其设置为开机自启动。

```
[root@server ~]# systemctl start httpd
[root@server ~]# systemctl enable httpd
```

V14-1　安装
Apache 软件

（3）查看 httpd 服务状态信息。

```
[root@server  ~]# systemctl status httpd
```

（4）在网站默认目录创建网页文件。

```
[root@server  ~]# cd /var/www/html
[root@server  ~]# echo "welcome to our website" > index.html
```

（5）添加防火墙规则，允许 httpd 服务使用 80 端口。

```
[root@server  ~]# firewall-cmd --permanent --add-service=http
[root@server  ~]# firewall-cmd --permanent --add-port=80/tcp
[root@server  ~]# firewall-cmd --reload
```

（6）重启 httpd 服务，使配置参数立即生效。

```
[root@server  ~]# systemctl restart httpd
```

（7）使用 curl 命令测试网页能否正常访问。

```
[root@server  ~]# curl 127.0.0.1
```

14.3.2　配置 Apache 虚拟主机

（1）编辑虚拟主机配置文件/etc/httpd/conf.d/vhost.conf，设置虚拟站点参数。

V14-2　配置
Apache 虚拟主机

```
[root@server  ~]# vim /etc/httpd/conf.d/vhost.conf
<VirtualHost 172.31.141.184:80>
    DocumentRoot /www/ip/web184
    ServerName  www.rhce.com
    ErrorLog "/var/log/httpd/184-error_log"
    CustomLog "/var/log/httpd/184-access_log" combined
<Directory /www/ip/web184>
    Require all granted
</Directory>
</VirtualHost>
```

（2）创建虚拟主机目录。

```
[root@www  ~]# mkdir /var/www/virtual.host
```

（3）在虚拟主机目录下创建网页文件。

```
[root@www  ~]# vi /var/www/virtual.host/index.html
<html>
<body>
<div style="width: 100%; font-size: 40px; font-weight: bold; text-align: center;">
Virtual Host Test Page
</div>
</body>
</html>
```

（4）编辑虚拟站点配置文件参数。

```
[root@www  ~]# vi /etc/httpd/conf.d/vhost.conf
# settings for new domain
<VirtualHost *:80>
    DocumentRoot /var/www/virtual.host
    ServerName www.virtual.host
    ServerAdmin webmaster@virtual.host
    ErrorLog logs/virtual.host-error_log
    CustomLog logs/virtual.host-access_log combined
</VirtualHost>
```

（5）设置 SELinux 上下文规则。

默认的 SELinux 策略都会限制 httpd 服务可以读取的上下文。Web 服务器内容的默认上下文是 httpd_sys_content_t。如果在标准位置/var/www/html 以外的目录提供内容，例如/new/location，则必须设置 SELinux 上下文规则。

```
[root@www  ~]# semanage fcontext -a -t httpd_sys_content_t
'/var/www/virtual.host(/.*)?'
[root@www  ~]# restorecon -vvFR /var/www/virtual.host ' (/.*)?'
```

（6）重启 httpd 服务，使配置参数立即生效。

```
root@www  ~]# systemctl restart httpd
[root@www  ~]# systemctl reload httpd
```

（7）使用 curl 命令验证网页是否能正常浏览。

```
[root@www  ~]# curl localhost
[root@www  ~]# curl 127.0.0.1
```

14.3.3 配置基于端口的虚拟主机

基于端口的虚拟主机功能可以让用户通过访问服务器上指定的端口来找到想要访问的网站资源，而用 Apache 配置虚拟主机功能的过程中，基于端口的配置过程最复杂，不仅需要考虑到 httpd 服务程序的配置因素，还需要考虑到 SELinux 服务对于新开设端口的监控。占用服务器中 80、443、8080 等类似端口的请求是网站服务比较合理的请求，但再去占用其他的端口就会受到 SELinux 服务的限制了。因此接下来的实验既要考虑到 SELinux 安全上下文的限制，还要考虑到 SELinux 域对 httpd 网站服务程序功能的管控。让服务器开启多个服务端口后，用户能够通过访问服务器的指定端口来找到想要的网站。

V14-3 配置基于端口的虚拟主机

（1）创建网站数据目录和网页文件。

```
[root@www  ~]# mkdir -p /home/wwwroot/6880
[root@www  ~]# mkdir -p /home/wwwroot/6881
```

```
[root@www ~]# echo "port:6880" >/home/wwwroot/6880/index.html
[root@www ~]# echo "port:6881" >/home/wwwroot/6881/index.html
```

（2）编辑虚拟主机配置文件，配置基于端口的虚拟主机参数。

```
[root@www ~]# vim /etc/httpd/conf.d/vhost.conf
<VirtualHost 192.168.10.10:6880>
    DocumentRoot "/home/wwwroot/6880"
    ServerName   www.rhce.com
    ErrorLog "/var/log/httpd/6880-error_log"
    CustomLog "/var/log/httpd/6880-access_log" common
<Directory /home/wwwroot/6880>
AllowOverride None
<requireall>
Require all granted
</requireall>
</Directory>
</VirtualHost>
<VirtualHost 192.168.10.143:6881>
    DocumentRoot "/home/wwwroot/6881"
    ServerName   bbs.rhce.com
    ErrorLog "/var/log/httpd/6881_error_log"
    CustomLog "/var/log/httpd/6881_access_log" common
<Directory /home/wwwroot/6881>
AllowOverride None
<Requireall>
Require all granted
</Requireall>
</Directory>
</VirtualHost>
```

（3）在主配置文件中添加新的端口号。

```
[root@www ~]# vim /etc/httpd/conf/httpd.conf
Listen 80
Listen 6880
Listen 6881
```

（4）设置 SELinux 布尔值参数。

Httpd 服务默认的端口是 80，如果使用非 80 端口提供 Web 服务，则在开启 SELinux 的情况下，需要设置端口的布尔值。

使用 semanage 命令查询并过滤出所有与 HTTP 相关的端口号。

```
[root@www ~]# semanage port -l| grep http
http_cache_port_t tcp 8080, 8118, 8123, 10001-10010http_cache_port_t udp 3130http_port_t tcp 80, 81, 443, 488, 8008, 8009, 8443,9000pegasus_http_port_t tcp 5988pegasus_https_port_t tcp 5989
```

开启 6880 和 6881 端口的 SELinux 布尔值。

```
[root@www  ~]# semanage port -a -t http_port_t -p tcp 6880
[root@www  ~]# semanage port -a -t http_port_t -p tcp 6881
```

（5）修改网站数据目录的 SELinux 安全上下文，并立即生效。

```
[root@server  ~]# semanage fcontext -a -t httpd_sys_content_t
'/home/wwwroot/6880(/.*)?'
[root@server  ~]# semanage fcontext -a -t httpd_sys_content_t
'/home/wwwroot/6881(/.*)?'
[root@server  ~]# restorecon -vvFR /home/wwwroot/6880/
[root@server  ~]# restorecon -vvFR /home/wwwroot/6881/
```

（6）重启 httpd 服务，使配置参数立即生效。

```
[root@www  ~]# systemctl restart httpd
```

（7）使用 curl 命令验证网页能否正常浏览。

```
[root@www  ~]# curl 192.168.10.143:6880
[root@www  ~]# curl 192.168.10.143:6881
```

14.3.4　配置安全主机

（1）配置 TLS 证书。

配置带有 TLS 证书的虚拟机，可以通过如下几个步骤：获取（签名）证书、安装 Apache HTTPD 扩展模块以支持 TLS、使用之前获取的证书、将虚拟主机配置为使用 TLS。

获取证书有两个方法：创建自签名证书（自签名证书是由自己而不是由 CA 签名的证书）或者创建证书请求并让某个知名 CA 对该请求进行签名，以使其成为一个证书。

除了 openssl 工具，crypto-utils 软件包还包含一个名为 genkey 的使用程序，同时支持这两种方法。

使用 openssl 命令生成私钥和证书文件。

```
[root@www  ~]# openssl req -x509 -nodes -days 365 -newkey rsa:2048 -keyout
/etc/pki/tls/private/private.key -out /etc/pki/tls/cert/apache-selfsigned.crt
```

（2）使用 mod_ssl 软件包安装扩展模块。

Apache HTTPD 服务器需要安装扩展模块才能激活 TLS 支持。在 RHEL7 版本中，可以使用 mod_ssl 软件包来安装此模块。

```
[root@www  ~]# yum -y instal mod_ssl
```

mod_ssl 软件包将为侦听端口 443/tcp 的默认虚拟主机自动启用 httpd 服务。此默认虚拟主机是在文件/etc/httpd/con.d/ssl.conf 中配置，也可以在独立的 conf 文件中定义。

（3）配置 Apache HTTPD 模块。

如果使用 CA 签名的证书，并且证书自身未嵌入签名中使用的所有 CA 证书的副本，则服务器还将需要提供证书链,也就是签名过程中串联在一起的所有 CA 证书的副本,SSLCertificate ChainFile 指令用于标识此类文件。

定义新的 TLS 加密虚拟主机时,不需要复制 ssl.conf 文件的所有内容。其中<VirtualHost> 块（包含 SSLEngine On 指令和证书配置）需要严格设定。TLS 配置参数及作用如表 14-4 所示。

表 14-4　TLS 配置参数及作用

参数	作用
Listen 443	此参数指示 https 进程侦听端口 443/tcp。第二个参数（https）是可选的,因为 HTTPS 是端口 443/tcp 的默认协议
<VirtualHost _default_:443>	此参数是端口 443/tcp 上概括虚拟主机的虚拟主机定义
SSLEngine on	SSLEngine on 用于为此虚拟主机开启 TLS 支持
SSLProtocol all –SSLv2 –SSLv3	此参数制定 httpd 服务与客户机通信时希望使用的协议列表。为提高安全性,还应禁用更旧且不安全的 SSLv3 协议
SSLCipherSuite HIGH:MEDIUM:!aNULL:!MD5	此参数列出在与客户端通信时 httpd 服务将要使用的加密密码。密码的选择会对性能和安全性有很大影响
SSLCertificateFile	SSLCertificateFile 告知读取此虚拟主机的证书的位置
SSLCertificateKeyFile	SSLCertificateKeyFile 告知读取此虚拟主机的私钥的位置。Httpd 服务在特权被丢弃之前读取所有私钥,以便对私钥的文件权限保持锁定

（4）编辑 ssl.conf 配置文件。

基于 TLS 的 Web 服务器参数可以在 ssl.conf 文件中配置,也可以单独创建虚拟主机配置文件。

```
[root@www ~]# vi /etc/httpd/conf.d/ssl.conf
DocumentRoot "/var/www/html"
ServerName www.rhce.com:443
SSLCertificateFile /etc/pki/tls/cert/apache-selfsigned.crt
SSLCertificateKeyFile /etc/pki/tls/private/privkey.key
```

（5）编辑虚拟站点配置文件。

设置 HTTP 重定向参数后,当客户端请求 HTTP 访问时将自动跳转到 HTTPS 页面。

```
[root@www ~]# vi /etc/httpd/conf.d/vhost.conf
<VirtualHost *:80>
    DocumentRoot /var/www/html
    ServerName www.rhce.com
    RewriteEngine On
    RewriteCond %{HTTPS} off
    RewriteRule ^(.*)$ https://%{HTTP_HOST}%{REQUEST_URI} [R=301,L]
</VirtualHost>
```

（6）重启 httpd 服务。

配置完虚拟站点和 HTTPS 参数后,重启 httpd 服务,使配置参数立即生效。

```
[root@www  ~]# systemctl restart httpd
```

（7）设置防火墙规则。

HTTPS 使用 443 端口，添加防火墙规则允许 HTTPS 访问。

```
[root@www  ~]# firewall-cmd --add-service=https --permanent
[root@www  ~]# firewall-cmd --reload
```

（8）验证 HTTPS 访问。

使用 curl 命令验证客户端是否可以通过 HTTPS 访问 Web 站点页面。

```
[root@www  ~]# curl https://www.rhce.com
```

14.3.5 安装 Nginx 软件

（1）使用 dnf 命令，安装 Nginx 组件。

```
[root@www  ~]# dnf -y install nginx
```

（2）编辑 Nginx 配置文件。

```
[root@www  ~]# vi /etc/nginx/nginx.conf
# line 41: change to your hostname
server_name www.rhce.com;
```

（3）启动并启用 nginx 服务。

```
[root@www  ~]# systemctl enable --now nginx
```

（4）添加防火墙规则，允许 nginx http 服务使用 80 端口。

```
[root@www  ~]# firewall-cmd --add-service=http --permanent
[root@www  ~]# firewall-cmd --reload
```

14.3.6 配置 Nginx 虚拟主机

（1）编辑 Nginx 配置文件，配置虚拟站点。

V14-4 配置
Nginx 虚拟主机

```
[root@www  ~]# vi /etc/nginx/conf.d/virtual.host.conf
# create new
server {
    listen        80;
    server_name   www.rhce.com;
    location / {
        root    /usr/share/nginx/virtual.host;
        index   index.html index.htm;
    }
}
```

（2）创建虚拟站点目录并创建站点页面。

```
[root@www  ~]# mkdir /usr/share/nginx/virtual.host
```

```
[root@www ~]# vi /usr/share/nginx/virtual.host/index.html
<html>
<body>
<div style="width: 100%; font-size: 40px; font-weight: bold; text-align: center;">
Nginx Virtual Host Test Page
</div>
</body>
</html>
```

（3）重启 nginx 服务，使配置参数立即生效。

```
[root@www ~]# systemctl restart nginx
```

（4）使用 curl 命令验证能否访问站点页面。

```
[root@www ~]# curl localhost
```

（5）配置基于 SSL/TLS 的安全参数。

```
[root@www ~]# vi /etc/nginx/conf.d/ssl.conf
# add to the end
# replace servername and path of certificates to your own one
server {
    listen          443 ssl http2 default_server;
    listen          [::]:443 ssl http2 default_server;
    server_name     www.rhce.com;
    root            /usr/share/nginx/html;
    ssl_certificate "/etc/letsencrypt/live/www.rhce.com/fullchain.pem";
    ssl_certificate_key "/etc/letsencrypt/live/www.rhce.com/privkey.pem";
    ssl_session_cache shared:SSL:1m;
    ssl_session_timeout   10m;
    ssl_ciphers PROFILE=SYSTEM;
    ssl_prefer_server_ciphers on;
    include /etc/nginx/default.d/*.conf;
    location / {
    }
    error_page 404 /404.html;
        location = /40x.html {
    }
    error_page 500 502 503 504 /50x.html;
        location = /50x.html {
    }
}
```

（6）设置重定向，将 HTTP 自动跳转到 HTTPS。

```
[root@www ~]# vi /etc/nginx/nginx.conf
# add into the section of listening 80 port
```

```
server {
        listen         80 default_server;
        listen         [::]:80 default_server;
        return         301 https://$host$request_uri;
        server_name    www.rhce.com;
        root           /usr/share/nginx/html;
```

（7）重启 nginx 服务，使配置参数立即生效。

```
[root@www  ~]# systemctl restart nginx
```

（8）添加防火墙规则，允许 https 服务使用 443 端口。

```
[root@www  ~]# firewall-cmd --add-service=https --permanent
[root@www  ~]# firewall-cmd –reload
```

（9）使用 curl 命令验证能否访问 HTTPS 页面。

```
[root@www  ~]# curl https://www.rhce.com
```

14.3.7　基于 LAMP 环境部署 WordPress 博客程序

1. 配置 LAMP YUM 仓库

Remi 存储库是 RHEL 的第三方存储库，用于维护最新版本的 PHP 软件包，其中包含大量的库、扩展和工具。通过 Remi 存储库可以简单快捷地安装和部署 LAMP 环境。下面在 CentOS 7 上安装并启用 Remi 存储库。

V14-5　基于
LAMP 环境
安装配置

```
[root@www  ~]# yum -y install
http://rpms.remirepo.net/enterprise/remi-release-7.rpm
```

使用 php7.3 存储库，禁用 php5.4 存储库。

```
[root@www  ~]# yum install yum-utils
[root@www  ~]# yum-config-manager --disable remi-php54
[root@www  ~]# yum-config-manager --enable remi-php73
```

2. 安装 LAMP 组件

安装与 LAMP 堆栈相关的所有必需包，包括 Apache HTTPD、MariaDB 数据库、PHP 等组件。

```
[root@www  ~]# yum install httpd mariadb mariadb-server php php-common
php-mysql php-gd php-xml php-mbstring php-mcrypt -y
```

3. 启动并初始化 MariaDB 数据库

mysql_secure_installation 是 mysql 数据库初始化工具，按照屏幕上的说明回答与 MariaDB 服务器安全性相关的问题，可以设置 root 密码等信息。

```
[root@www  ~]# systemctl start mariadb
[root@www  ~]# systemctl enable mariadb
[root@www  ~]# mysql_secure_installation
```

4. 启动并启用 httpd 服务

使用 systemctl 命令启动 httpd 服务，并设置为开机自启动。

```
[root@www  ~]# systemctl start httpd
[root@www  ~]# systemctl enable httpd
```

5. 安装 WordPress 博客程序

（1）为 WordPress 创建数据库和数据库用户。

```
# mysql -u root -p
Enter password:
## Create database ##
CREATE DATABASE wordpress;
## Creating new user ##
CREATE USER wordpress@localhost IDENTIFIED BY "secure_password";
## Grant privileges to database ##
GRANT ALL ON wordpress.* TO wordpress@localhost;
## FLUSH privileges ##
FLUSH PRIVILEGES;
## Exit ##
exit
```

（2）下载 WordPress 软件包。

```
[root@www  ~]#cd /tmp && wget http://wordpress.org/latest.tar.gz
```

（3）将档案解压在 Web 目录。

```
[root@www  ~]#tar -xvzf latest.tar.gz -C /var/www/html
```

（4）将该目录的所有权更改为用户 apache。

```
[root@www  ~]# chown -R apache /var/www/html/wordpress
```

（5）为 WordPress 创建 Apache 虚拟主机。

```
[root@www  ~]# vim /etc/httpd/conf.d/vhost.conf:
<VirtualHost *:80>
    ServerAdmin tecmint@tecmint.com
    DocumentRoot /var/www/html/wordpress
    ServerName tecminttest.com
    ServerAlias www.tecminttest.com
    ErrorLog /var/log/httpd/tecminttest-error-log
    CustomLog /var/log/httpd/tecminttest-acces-log common
</VirtualHost>
```

（6）重启 httpd 服务。

```
[root@www  ~]# systemctl restart httpd
```

（7）最后，打开浏览器输入地址 http://localhost/wordpress，安装 WordPress 博客程序。

14.4　项目实训

【实训任务】

　　本实训的主要任务是在公司服务器上安装和配置 Apache 和 Nginx 软件，部署基于 IP 和端口的 Web 虚拟站点，结合 DNS 服务实现基于域名的虚拟站点，使用 TLS 证书加密 HTTP 传输，并基于 LAMP 环境部署 WordPress 博客程序。

【实训目的】

　　（1）理解 Web 服务器基本概念。

　　（2）理解 HTTP 基本概念。

　　（3）掌握基于 Apache 虚拟主机的 Web 站点配置与管理方法。

　　（4）掌握基于 Nginx 虚拟主机的 Web 站点配置与管理方法。

【实训内容】

　　（1）在 CentOS 7 或 CentOS 8 主机上部署 Apache 软件。

　　（2）在 CentOS 7 或 CentOS 8 主机上部署 Nginx 软件。

　　（3）配置基于域名的 Apache 虚拟站点。

　　（4）配置基于端口的 Apache 虚拟站点。

项目练习题

　　（1）在 system1 上配置一个站点 http://system1.domain1.example.com，然后执行下述步骤：从 http://rhgls.domain1.example.com/materials/station.html 下载文件，并且将文件重命名为 index.html，不要修改此文件的内容；将文件 index.html 复制到 Web 服务器的 DocumentRoot 目录下，使来自 domain1.example.com 域的客户端可以访问此 Web 服务器，拒绝来自 my133t.org 域的客户端访问此 Web 服务器（my133t.org 属于 172.13.10.0/24 网络）。

　　（2）在 system1 上配置一个 TLS 加密的 Web 站点，要求如下：为站点 http://system1.domain1.example.com 配置 TLS 加密，已签名证书从 http://host.domain1. example.com/materials/system1.crt 获取，证书的密钥从 http://host.domain1. example. com/materials/system1.key 获取，证书的签名授权信息从 http://host.domain1.example. com/materials/domain1.crt 获取。

　　（3）在 system1 上扩展 Web 服务器，为站点 http://www.domain1.example.com 创建一个虚拟主机，然后执行下述步骤：设置 DocumentRoot 为/var/www/virtual，从 http://rhgls. domain1.example.com/materials/www.html 下载文件并重命名为 index.html，不要对文件

index.html 的内容做任何修改；将文件 index.html 放到虚拟主机的 DocumentRoot 目录下，确保默认的管理用户 apache 能够在/var/www/virtual 目录下创建文件。

（4）在 system1 上配置动态 Web 内容，要求如下：动态内容由名为 dynamic. domain1. example.com 的虚拟主机提供，虚拟主机侦听端口 8909；从 http://rhgls. domain1. example. com/materials/webapp.wsgi 下载一个脚本，然后放在适当的位置，不要修改此文件的内容；客户端访问 http://dynamic.domain1.example.com:8909/时，应该接收到动态生成的 Web 页面；此 http://dynamic.domain1.example.com:8909/必须能被 domain1. example. com 域内的所有客户端访问。